Andrea Hartl

Regulatorische Immunzellen im allergischen Asthma

Andrea Hartl

Regulatorische Immunzellen im allergischen Asthma

Untersuchung der Rolle regulatorischer Immunzellen im Mausmodell der allergischen Atemwegsentzündung

Südwestdeutscher Verlag für
Hochschulschriften

Imprint
Any brand names and product names mentioned in this book are subject to trademark, brand or patent protection and are trademarks or registered trademarks of their respective holders. The use of brand names, product names, common names, trade names, product descriptions etc. even without a particular marking in this work is in no way to be construed to mean that such names may be regarded as unrestricted in respect of trademark and brand protection legislation and could thus be used by anyone.

Publisher:
Südwestdeutscher Verlag für Hochschulschriften
is a trademark of
Dodo Books Indian Ocean Ltd. and OmniScriptum S.R.L publishing group

120 High Road, East Finchley, London, N2 9ED, United Kingdom
Str. Armeneasca 28/1, office 1, Chisinau MD-2012, Republic of Moldova, Europe
Printed at: see last page
ISBN: 978-3-8381-2546-6

Zugl. / Approved by: München, TU, Diss., 2010

Copyright © Andrea Hartl
Copyright © 2011 Dodo Books Indian Ocean Ltd. and OmniScriptum S.R.L publishing group

Inhaltsverzeichnis

INHALTSVERZEICHNIS 1

ABBILDUNGSVERZEICHNIS 3

ABKÜRZUNGEN 4

1. EINLEITUNG 7
   1.1. Asthma Bronchiale 7
   1.2. Mechanismen der allergischen Reaktion 9
   1.3. Dendritische Zellen im allergischen Asthma 11
       1.3.1. CCL17 in myeloiden Dendritischen Zellen 12
   1.4. Regulatorische T-Zellen im allergischen Asthma 13
   1.5. Zielsetzung der Arbeit 16

2. MATERIAL UND METHODEN 18
   2.1. Material 18
       2.1.1. Geräte 18
       2.1.2. Chemikalien 18
       2.1.3. Weitere Posten 19
       2.1.4. PCR Primer 19
       2.1.5. Antikörper für FACS-Analysen / ELISA 20
   2.2. Methoden 21
       2.2.1. Zellbiologie 21
           2.2.1.1. Medium für die Zellkultur Eukaryontischer Zellen 21
           2.2.1.2. Zellkultur von HEK293 Zellen 21
           2.2.1.3. Präparation von Knochenmarks-Zellen zur Generierung von Dendritischen Zellen 21
           2.2.1.4. „Bulk" Assay 22
       2.2.2. Mäuse 22
           2.2.2.1. OVA induzierte Mausmodelle der allergischen Atemwegsentzündung 22
           2.2.2.2. Bronchoalveoläre Lavage (BAL) 23
           2.2.2.3. Giemsa-Färbung von BAL-Zellen 23
           2.2.2.4. Invasive Lungenfunktionsbestimmung mit Hilfe des „Flexivent"-Systems 24
           2.2.2.5. Histologie der Lunge 24
       2.2.3. Kultivierung prokaryontischer Zellen 25
           2.2.3.1. Puffer und Medien für die Kultivierung von Prokaryonten 25
       2.2.4. Protein-Biochemie 26
           2.2.4.1. Puffer und Medien für die Protein-Biochemie 26
           2.2.4.2. Zell Lyse 27
           2.2.4.3. SDS Polyacrylamid Gelelektrophorese (PAGE) von Proteinen 27
           2.2.4.4. Western-Blot-Analyse 28
       2.2.5. Molekularbiologie 29
           2.2.5.1. Puffer und Medien für die Molekularbiologie 29
           2.2.5.2. Isolierung von genomischer DNA aus Gewebe-Proben ... 29
           2.2.5.3. Klonierungen 30
           2.2.5.4. Agarose Gelelektrophorese 31
           2.2.5.5. PCR 32
           2.2.5.6. mRNA-Isolierung 32
           2.2.5.7. cDNA-Herstellung durch RT-PCR (ImPromII^{TM} Reverse Transcription System Promega) 32

Inhaltsverzeichnis

2.2.6. Immunologie 33
   2.2.6.1. ELISA (Enzyme linked immunosorbent assay) 33
      2.2.6.1.1. Sandwich-ELISA 33
      2.2.6.1.2. OVA-spezifischer Ig Isotypen ELISA 34
   2.2.6.2. Durchfluss-Zytometrie („Fluorescence activated cell sorting" FACS) 35
      2.2.6.2.1. FACS-Analyse von Oberflächen-Antigenen 35
      2.2.6.2.2. FACS-Analyse von intrazellulären Antigenen 36

3. ERGEBNISSE 37

3.1. Generierung transgener Mäuse 37
   3.1.1. Transgene Mäuse 37
      3.1.1.1. Generierung einer CD11c-DipA BAC-transgenen Maus 37
      3.1.1.2. Charakterisierung der transgenen CD11c-DipA BAC-Mäuse 40
      3.1.1.3. Konventionelle CD11c-DipA transgene Maus (MiniCD11cDipA) 42
      3.1.1.4. CD11c CreIRESpDsRedExpress BAC-transgene Maus 43

3.2. Die Rolle von TARC im murinen Modell der akuten Atemwegsentzündung 45
   3.2.1. Die Rolle von TARC im Modell der akuten Atemwegsentzündung durch die Sensibilisierung mit OVA-Alum i.p. 46
   3.2.2. Die Rolle von TARC im Modell der akuten Atemwegsentzündung durch die Sensibilisierung mit OVA-Alum s.c. 51

3.3. Die Rolle von regulatorischen T-Zellen im murinen Modell der akuten Atemwegsentzündung 55
   3.3.1. Die Depletion von regulatorischen T-Zellen während der Sensibilisierung des Modells der allergischen Atemwegsentzündung 55
   3.3.2. Die Depletion von regulatorischen T-Zellen während der Provokation des Modells der allergischen Atemwegsentzündung 60

4. DISKUSSION 64

4.1. Verschiedene Möglichkeiten der Generierung transgener Mäuse 64
   4.1.1. BAC-transgene Mausmodelle 64
   4.1.2. CD11c-DIPA BAC-transgenes und konventionelles Mausmodell 64
   4.1.3. CD11c CrelrespDsRedExpress BAC-transgenes Mausmodell 65

4.2. TARCeGFP k/o-Mäuse als Modellorganismen für die Rolle einer DC-Subpopulation in der allergischen Atemwegsentzündung 68
   4.2.1. Die Rolle von TARC im allergischen Asthma - eine kontroverse Diskussion ... 68
   4.2.2. Das Chemokin CCL17 im murinen Modell der allergischen Atemwegsentzündung ... 69
      4.2.2.1. Die Bedeutung von CCL17 während der intraperitonealen Immunisierung .. 69

4.3. Die Rolle von regulatorischen T-Zellen in der allergischen Atemwegsentzündung ... 73
   4.3.1. Regulatorische T-Zellen kontrollieren das immunologische Gleichgewicht 73
   4.3.2. Die DEREG-Maus im Modell der akuten allergischen Atemwegsentzündung .. 75
      4.3.2.1. Die Bedeutung von T_{Reg} in der Phase der Sensibilisierung 75
      4.3.2.2. Die Bedeutung von T_{Reg} in der Phase der Provokation 77

AUSBLICK 79

5. LITERATUR 80

6. DANKSAGUNG 85

7. ZUSAMMENFASSUNG 86

Inhaltsverzeichnis

Abbildungsverzeichnis

Abbildung 1: Inverse Korrelation zwischen dem Auftreten von Infektionskrankheiten und Immunerkrankungen im Zeitraum zwischen 1950 und 2000 [1]. 7
Abbildung 2: Phasen der allergischen Reaktion I [7] 9
Abbildung 3: Phasen der allergischen Reaktion II [7] 10
Abbildung 4: Mechanismus der allergischen Reaktion [5] 11
Abbildung 5: Allergischer Mechanismus [33] 14
Abbildung 6: Basale Mechanismen von regulatorischen T-Zellen [34] 15
Abbildung 7: Immunisierungsprotokolle für die Induktion einer akuten allergischen Atemwegsreaktion 23
Abbildung 8: Schematische Darstellung diverser Klonierungs-Strategien für die Integration eines Reporter-Konstrukts in den „shuttle" Vektor V.47. 30
Abbildung 9: Schematische Darstellung des Prinzips der BAC-Rekombination 31
Abbildung 10: Das Diphtheria Toxin des *Corynebakterium diphtheriae*. 38
Abbildung 11: Identifizierung von rekombinierten BAC-Klonen mittels PCR 39
Abbildung 12: Schematische Darstellung des SalI Fragments 40
Abbildung 13: Identifikation der Konzentration und Reinheit der zu injizierenden linearisierten BACs durch Pulsfeld Gelelektrophorese 40
Abbildung 14: PCR-Analyse des MIVK „founders" des CD11c-DipA BACs und dessen Nachkommen 41
Abbildung 15: PCR-Analyse der Nachkommen der MIVK des MiniCD11c-DipA Konstrukts 42
Abbildung 16: Fluoreszenzmikroskopische Aufnahmen von HEK Zellen, transfiziert mit CreIRESpDsRedExpress im Expressionsvektor pcDNA3.1/His A (+) 43
Abbildung 17: Western Blot von HEK293 Zellen 43
Abbildung 18: Verifizierung des „shuttle" Vektors mit der enthaltenen CreIrespDsRed Reporterkassette durch analytischen Restriktionsverdau 44
Abbildung 19: Western Blot zum Nachweis des Cre-Proteins in Knochenmarkskulturen von Nachkommen verschiedener „founder" Linien 44
Abbildung 20: PCR auf cDNA von Nachkommen zweier „founder"-Linien 45
Abbildung 21: OVA-spezifischer Ig Isotypen ELISA 46
Abbildung 22: Gesamtzellzahl von Leukozyten in der BAL 47
Abbildung 23: Zusammensetzung der Zellen in der BAL 47
Abbildung 24: FACS-Analyse der Zellen in BAL (A) Lunge (B) und Lymphknoten (C) 49
Abbildung 25: Histologie der Lunge 50
Abbildung 26: Messung der Lungenfunktion 51
Abbildung 27: OVA-spezifischer Ig Isotypen ELISA 52
Abbildung 28: Gesamtzellzahl von Leukozyten in de BAL 52
Abbildung 29: Zusammensetzung der Zellen in der BAL 53
Abbildung 30: Histologie der Lunge 53
Abbildung 31: Messung der Lungenfunktion 54
Abbildung 32: Protokoll für die Depletion von regulatorischen T-Zellen während der Sensibilisierung in der akuten Atemwegsentzündung. 55
Abbildung 33: FACS-Analyse von Blutzellen 56
Abbildung 34: OVA-spezifischer Ig Isotypen ELISA 56
Abbildung 35: Gesamtzellzahl der Leukozytenpopulation in der BAL 57
Abbildung 36: Zusammensetzung der Zellen in der BAL 57
Abbildung 37: Histologie der Lunge 58
Abbildung 38: Flexivent Messung der Lungenfunktion 59
Abbildung 39: ELISA-Bestimmung der Zytokine im Überstand der *in vitro* Restimulation 60
Abbildung 40: Protokoll für die Depletion von regulatorischen T-Zellen während der Provokation in der akuten Atemwegsentzündung. 61
Abbildung 41: FACS-Analyse von Blutzellen 61
Abbildung 42: FACS-Analyse der Bronchoalveolären Lavage 62
Abbildung 43: OVA-spezifischer Ig Isotypen ELISA 63
Abbildung 44: Histologie der Lunge 63

Abkürzungen

-/-	knock out
α	anti
AHR	Atemwegs Hyperreagibilität
as	antisens
µg	Mikrogramm
µl	Mikroliter
APC	Allophycocyanin
APC	Antigen-präsentierende Zelle
BAC	Bacterial Artificial Chromosome
BAL	Bronchoalveoläre Lavage
bp	Basenpaare
BSA	Bovines Serum Albumin
CCR4	„chemokin receptor 4"
CD	Cluster of Differentiation
cDCs	Konventionelle Dendritische Zellen
cDNA	komplementäre DNA
CLA	"cutaneous lymphocyte antigen"
CpG	Cytosin-phosphatidyl-Guanosin
DC	Dendritische Zelle
ddH$_2$0	Doppelt destilliertes Wasser
DEREG	Depletion of regulatory T cells
DipA	Diphtheria Toxin A (Untereinheit)
DMEM	Dulbecco's Modified Eagle Medium
DNA	Desoxyribonukleinsäure
dNTPs	Desoxyribonukleotid Tri-Phosphat
ELISA	Enzyme linked immunosorbent assay
EtBr	Ethidiumbromid
EMA	Ethidiummonazid
EtOH	Ethanol
FCS	Fötales Kälberserum
FITC	Fluorescein-5-isothiocyanat
GFP	Grünes Fluoreszierendes Protein
GM-CSF	Granulozyten Makrophagen koloniestimulierender Faktor
h	Stunden
HEK	Human embryonic kidney

Abkürzungen

HRP	horseradish peroxidase
Ig	Immunglobulin
i.p.	intraperitoneal
iT_{Reg}	induzierte Regulatorische T-Zelle(n)
i.v.	*intra venös*
IFN	Interferon
Ig	Immunglobulin
IL	Interleukin
kb	Kilobasen
kDa	KiloDalton
KM	Knochenmark
KO; ko/ko	knock-out
l	Liter
LPS	Lipopolysaccharid
mAb	monoklonaler Antikörper
MDC	"monocyte derived chemokine" (CCL22)
MHC	Major Histocompatibility Complex
min	Minuten
ml	Milliliter
mm	Millimeter
mM	Millimolar
mRNA	messenger RNA
mV	Millivolt
ng	Nanogramm
nm	Nanometer
nT_{Reg}	natürlich vorkommende Regulatorische T-Zelle(n)
OVA	Ovalbumin
PAS	„Periodic acid-Schiff"
PCR	Polymerase Kettenreaktion
pDCs	plasmazytoide Dendritische Zellen
PE	Phycoerythrin
PI	Propidiumjodid
RNA	Ribonuklein-Säure
rpm	Umdrehungen pro Minute
RT	Raumtemperatur
s.c.	subkutan
sec	Sekunden
s	sens

Abkürzungen

TARC	„thymus and activation regulated chemokine" (CCL17)
TCR	T-Zellrezeptor
T_H	T-Helfer
TLR	Toll-like Rezeptor
T_{Reg}	Regulatorische T-Zelle(n)
V	Volt
wt	Wildtyp

1. EINLEITUNG

1.1. Asthma Bronchiale

Asthma bronchiale ist eine Atemwegserkrankung, die durch Entzündung und erhöhte Empfindlichkeit der Schleimhäute der Bronchien charakterisiert wird und zur Verengung der Atemwege führt. Nach Angaben der Weltgesundheitsorganisation (WHO) leiden ca. 300 Millionen Menschen an dieser chronisch verlaufenden Krankheit und im Jahr 2005 starben bereits 255 tausend Menschen an den Folgen von Asthma. Es ist die häufigste chronische Erkrankung bei Kindern und tritt länderübergreifend unabhängig vom jeweiligen Entwicklungsgrad auf. Interessanterweise konnte aber gezeigt werden, dass es eine umgekehrte Relation zwischen der Häufigkeit von Infektionskrankheiten und Immunerkrankungen im Allgemeinen gibt [1].

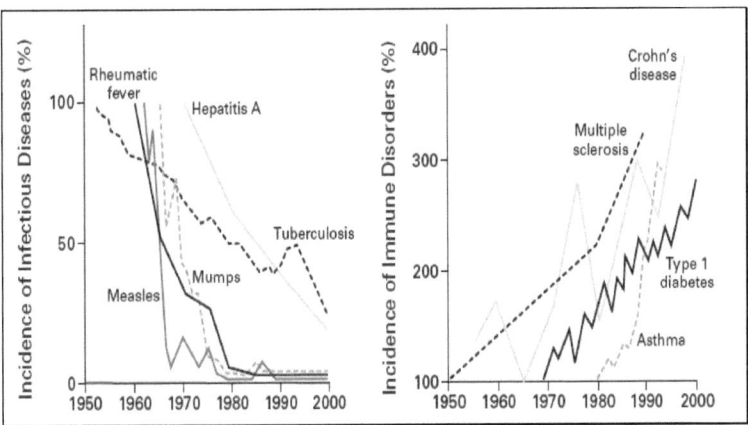

Abbildung 1: Inverse Korrelation zwischen dem Auftreten von Infektionskrankheiten und Immunerkrankungen im Zeitraum zwischen 1950 und 2000 [1].

Dabei zeigt sich, dass mit sinkenden Zahlen von Infektionserkrankungen nicht nur die Zahl der Allergien (T Helfer 2; T_H2) ansteigt, sondern ebenso das Maß an Autoimmun- oder T_H1 Erkrankungen zunimmt. Demzufolge musste die „Hygiene Hypothese" in einem neuen Licht betrachtet werden [2-4]. Sie beruhte auf der Beobachtung, dass mit zunehmendem Lebensstandard weniger Kontakt mit Parasiten und pathogenen oder nicht pathogenen Mikroorganismen stattfindet. Solche Infektionen begünstigen die normale Entwicklung von Immunantworten mit Tendenz zu T_H1 und führen gegebenenfalls zur Ausbildung regulatorischer Immunzellen, die vor möglicherweise schadhaften Immunantworten schützen. Neben dieser Beobachtung spielt jedoch auch eine eventuelle genetische Prädisposition eine maßgebliche Rolle,

Einleitung

die zur Ausbildung von T_H2-Immunantworten auf Umweltallergene führt. Dabei sind die genauen Mechanismen, die der Hygiene-Hypothese zugrunde liegen, noch weitgehend unklar [3, 5, 6]. Die auffällige Korrelation zwischen verringertem Kontakt mit Pathogenen und Allergieentwicklung legt eine Veränderung zwischen Umwelteinflüssen und genetisch prädisponierten Betroffenen nahe, die zu verstehen die zentrale Frage vieler Forschungsansätze darstellt. Dabei liegt das Augenmerk darauf, die Entstehung, die Verschlimmerung und die Lösungsansätze zur Erleichterung der Allergie zu untersuchen. Denn die Zahl derer, die an Asthma sterben, wird innerhalb der nächsten 10 Jahre um geschätzte 20% ansteigen, da die wesentlichen Ursachen von Asthma immer noch nicht vollständig geklärt sind.

Einleitung

1.2. Mechanismen der allergischen Reaktion

Die Entstehung einer allergischen Reaktion lässt sich in drei Phasen einteilen (Abbildung 2 und Abbildung 3) [7].

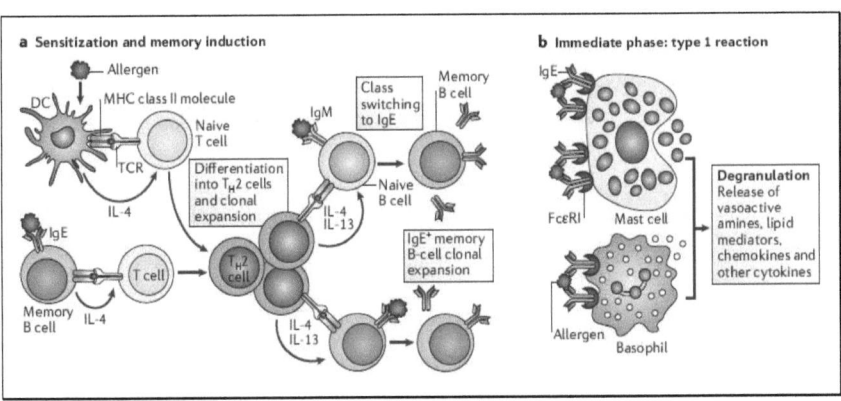

Abbildung 2: Phasen der allergischen Reaktion I [7]
a: Sensibilisierung und Induktion des immunologischen Gedächtnisses
b: Anfangsphase: Typ1 Reaktion

In der Phase des ersten Kontakts, die innerhalb von Minuten passiert, präsentiert die Dendritische Zelle (DC) das Allergen und bringt über Rezeptor-vermittelte Kontakte naive T-Zellen zur klonalen Proliferation und Expansion von Allergen-spezifischen T-Helfer 2 (T_H2) Zellen. Dabei werden die Interleukine (IL) 4 und 13 produziert, die einen Immunglobulin (Ig) Klassenwechsel hin zu IgE induzieren und eine klonale Expansion von naiven und IgE positiven B-Zellen zur Folge haben. Außerdem erhöht die Aktivierung von T-Zellen in Anwesenheit von IL-4 die Differenzierung in die Richtung von T_H2 Zellen [8] (vgl. Abbildung 1 a). Nun folgt die Phase der direkten allergischen Reaktion. Auf der Oberfläche von Mastzellen und Basophilen wird der FcεRI (hoch affiner Rezeptor für IgE) exprimiert. Durch das Allergen wird das an den Rezeptor bindende IgE quervernetzt, was zur Ausschüttung von Histamin, Lipiden, Chemokinen und Zytokinen führt. Diese sind die Ursache für die direkte allergische Reaktion und die damit verbundenen Symptome (Abbildung 2 b). In der späten Phase der allergischen Reaktion wandern die Allergen-spezifischen T-Zellen durch Chemokin- und Zytokin-Gradienten zur Stelle des ersten Kontakts mit dem Allergen, um dort reaktiviert zu werden und zu expandieren. Die Antigen-Präsentation durch DCs, die durch die Produktion von IgE erleichtert wird, erhöht die Aktivierung der T-Zellen. Eosinophile spielen dabei eine der wichtigsten Rolle als Entzündungszellen und machen bis zu 50% des Lungeninfiltrats aus. Auch die Aktivierung von Mastzellen und Basophilen trägt durch deren

Einleitung

Ausschüttung von Histamin, Chemokinen und Zytokinen zur späten Phase der allergischen Reaktion bei (Abbildung 3). Die Ausschüttung von IL-5 durch die T_H2 Zellen führt zur Aktivierung von Eosinophilen und Ausschüttung von Mediatoren, Chemokinen und pro-inflammatorischen Zytokinen. IL-13 ist maßgeblich an der Aktivierung der Zellen der glatten Muskulatur und der Hyper-Reaktivität für deren Kontraktion sowie für die Abgabe von Chemokinen und pro-inflammatorischen Zytokinen beteiligt. T_H2 Zytokine ermöglichen den Eintritt von Basophilen ins Gewebe und bewirken die Degranulation von Basophilen und Mastzellen, was wiederum die Ausschüttung verschiedened Mediatoren zur Folge hat. Das Zusammenspiel von verschiedenen Mediatoren wie zum Beispiel Histamin erhöht daraufhin die Adhäsion von Endothel-Zellen und die Migration von Entzündungszellen.

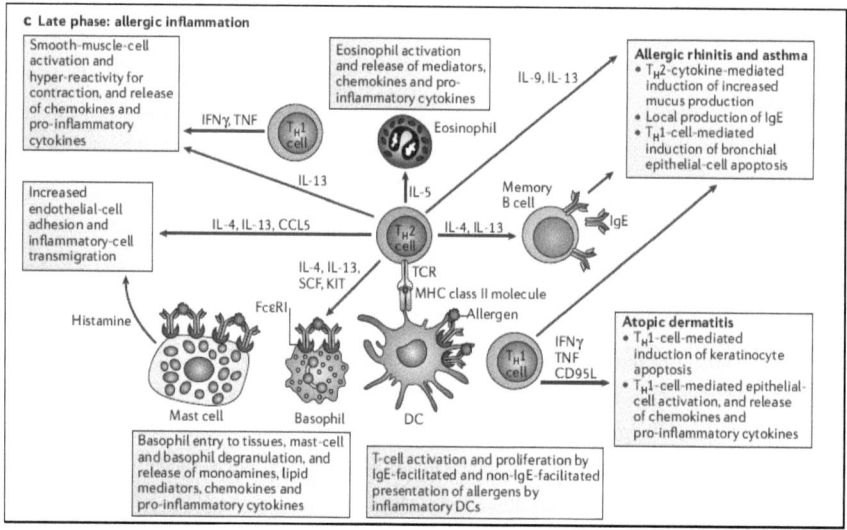

Abbildung 3: Phasen der allergischen Reaktion II [7]
c: Späte Phase der allergischen Reaktion

Bleibt die Entzündung über einen längeren Zeitraum bestehen, sei es durch länger anhaltenden oder wiederholten Kontakt mit dem Allergen, kommt es zur chronischen Ausbildung der Entzündung, bei der nicht nur eine große Zahl von Immunzellen vorhanden ist, sondern es auch zu einer massiven Veränderung der extrazellulären Matrix im betroffenen Gewebe führt.
In Abbildung 4 ist der Mechanismus einer Allergischen Reaktion noch einmal zusammengefasst dargestellt. Der Kontakt des Allergens und dessen Präsentation durch die Dendritische Zelle führt zur Aktivierung der T_H2 Zellen. Durch die Ausschüttung diverser T_H2 Mediatoren erfolgen die bereits oben genannten Prozesse der allergischen Reaktion mit früher und später Phase.

Einleitung

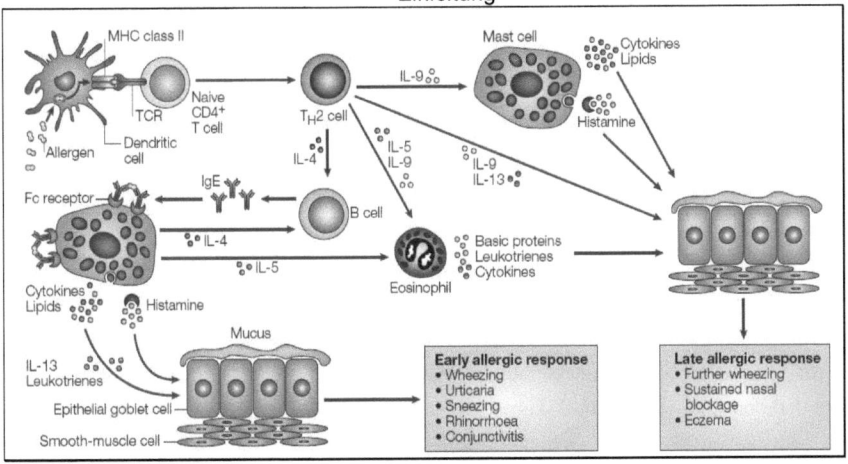

Abbildung 4: Mechanismus der allergischen Reaktion [5]

1.3. Dendritische Zellen im allergischen Asthma

Nach derzeitiger Meinung wird die Entzündung hauptsächlich durch eine zentrale Rolle der T_H2 Zellen bestimmt. Doch die naive T-Zelle muss zunächst von einer reifen Antigen-präsentierenden Zelle (APC) wie der Dendritischen Zelle aktiviert werden, um zu proliferieren und die T_H2 Effektor-Funktion zu erlangen [9, 10]. Aufgrund der Expression verschiedener Oberflächenmarker werden verschiedene Subtypen von Dendritischen Zellen in Mäusen unterschieden. Zum einen gibt es CD11b$^+$CD8$^-$ Dendritische Zellen, die der myeloiden Linie zugeordnet werden, während anderseits CD11b$^-$CD8$^+$ lymphoiden Ursprungs sind [11]. Dabei spielen die DCs in den Atemwegen, die netzwerkartig direkt über und unter der Basalmembran des Epithels angeordnet sind, die entscheidende Rolle [12]. Sie sind dafür verantwortlich, dass der Eintritt von Antigen in der Lunge mit dessen Signalen in Verbindung mit der Entzündungssituation und der Umgebung im Wirt gebracht und in ein Signal umgewandelt wird, auf das die naive T-Zelle im lymphatischen Gewebe reagieren kann [13]. Man geht davon aus, dass unreife DCs permanent aus dem Knochenmark rekrutiert werden und in das Lungengewebe als Vorläuferzelle eintreten [14, 15]. In dieser Form haben sie einen unreifen Phänotyp und sind darauf spezialisiert, eingeatmetes Antigen aufzunehmen und zu erkennen, können aber noch keine T-Zellen stimulieren, da ihnen die ko-stimulatorischen Moleküle auf der Zelloberfläche fehlen. Die DCs beginnen nun entlang eines Chemokin-Gradienten von der Peripherie in die drainierenden Lymphknoten zu wandern, wobei CCR6 herunter- und CCR7 herauf-reguliert wird [16]. Die dort angelangten Dendritischen Zellen sind nun vollständig ausgereift und darauf spezialisiert, T-Zellen zu stimulieren. Dabei werden nur antigenspezifische CD4$^+$ T-Zellen aktiviert und proliferieren. Anschließend wandern diese CD4$^+$ T Lymphozyten über efferente Lymphbahnen in das entzündete Gewebe. In diesem Mechanismus

Einleitung

spielt die Dendritische Zelle die zentrale Rolle, da sie durch die Art des Antigens, den genetischen Hintergrund des Wirts, die Umgebung und das Zytokin-Milieu während der Antigenpräsentation darüber „entscheidet", ob die Immunantwort in Richtung T_H1 oder T_H2 Antwort ausgelöst wird und Krankheit oder Schutz resultiert. Somit bleibt die Frage, welche Faktoren die Dendritische Zelle zu einer T_H1 oder T_H2 induzierenden Zelle macht. Bis jetzt sind die Faktoren, die in die Entstehung einer T_H2-Antwort involviert sind, kaum verstanden. Daher ist die Untersuchung vom immunologischen Zusammenspiel der verschiedenen Zelltypen im adäquaten Mausmodell von entscheidender Bedeutung. Es ist bekannt, dass so genannte DC1 Zellen bei Mäusen CD8α auf der Zelloberfläche exprimieren und IL-12 produzieren. DC2 Zellen exprimieren CD11b auf der Zelloberfläche. Im Mausmodell konnte gezeigt werden, dass mit Ovalbumin (OVA) stimulierte DCs, die in die Lunge von naiven Mäusen transferiert wurden, in die drainierenden Lymphknoten wandern und dort OVA-spezifische T-Zellen zur Proliferation bringen. Nach Provokation mit OVA-Aerosol entwickelten die Mäuse eine perivasculäre und peribronchiale eosinophile Entzündung und eine Hyperplasie der Becherzellen [17-19]. In einem anderen Modell wurde eine transgene Maus verwendet, bei der das Suizid-Gen Thymidin-Kinase in Zellen einer DC-Linie exprimiert wird. Durch die Gabe von Ganciclovir werden selektiv nur DCs depletiert und keine Makrophagen, B oder T-Zellen. In OVA sensibilisierten Tieren, deren Dendritischen Zellen dadurch depletierten waren, war keine OVA induzierte Eosinophilie und Becherzell-Hyperplasie mehr vorhanden [17].

1.3.1. CCL17 in myeloiden Dendritischen Zellen

CCL17 ist ein kleines Zytokin, das zur Familie der CC-Chemokine gehört und auch als „thymus and activation regulated chemokine" (TARC) bekannt ist. Myeloide Dendritische Zellen produzieren Chemokine, die hauptsächlich oben genannte aktivierte T_H2 Zellen anziehen. Dazu zählt neben TARC auch MDC/CCL22 (monocyte derived chemokine), welches CCR4 („chemokin receptor 4") exprimierende aktivierte T_H2 Zellen anlockt [20]. Dadurch wird sichergestellt, dass aktivierte Effektor T-Zellen in der Lunge gehalten werden und nicht zurück in den Lymphknoten wandern. Die CCL17 und CCL22 Konzentrationen sind in der Bronchoalveolären Lavage (BAL) von atopischen Asthmatikern erhöht [21]. Die Expression der beiden CCR4 spezifischen Liganden MDC und TARC ist auch auf Atemwegs-Epithelzellen nach Provokation stark induziert, was für eine Rolle dieser Rezeptor/Ligand-Achse in der Regulation der Lymphozyten-Rekrutierung im Asthma bronchiale spricht [22]. Untersuchungen in einem Mausmodell der allergischen Atemwegsentzündung zeigen, dass durch neutralisierende Antikörper gegen TARC die Zahl an CD4[+] Zellen und Eosinophilen in der BAL Flüssigkeit verringert, die Produktion von T_H2-Zytokinen inhibiert und die Atemwegs-Hyperreaktivität nach der Provokation vermindert ist [23]. Der positive Effekt bei der Gabe des Kortikosteroids Dexamethason im Mausmodell wird teilweise auch auf den Rückgang der mRNA-Menge und des Proteinlevels von TARC im Lungengewebe zurückgeführt

Einleitung

[24]. Im Gegensatz dazu vermindert die fehlende Expression des CCR4-Gens nicht die Entwicklung einer T_H2-Antwort im Mausmodell [25]. CCL22 konkurriert mit CCL17 um die Bindung an CCR4 und lockt ebenfalls CD4$^+$ T-Zellen an [26]. Wenn wiederum polyklonale neutralisierende Antikörper gegen MDC verabreicht wurden, konnten die Mäuse vor Eosinophilie und Bronchialer Hyperreaktivität geschützt werden [25]. Demzufolge wird die Rolle von TARC-exprimierenden DCs momentan in der Literatur noch kontrovers diskutiert.

1.4. Regulatorische T-Zellen im allergischen Asthma

Die Schleimhäute der Lunge stehen unter dem permanenten Einfluss von Allergenen aus der Umwelt. Dabei muss das Immunsystem ständig zwischen pathogenen und harmlosen Antigenen unterscheiden, um eine effektive Immunantwort zu gewährleisten. Regulatorische T-Zellen (T_{Reg}) spielen hier die entscheidende Rolle, da sie sowohl die Bildung einer allergischen T_H2, als auch T_H1-Antwort verhindern können [27]. Natürlich vorkommende T_{Reg} (nT_{Reg}) entwickeln sich im Thymus und stellen in der Peripherie ungefähr 5-10% der CD4$^+$ Zellen. Sie exprimieren CD25, sowie CTLA-4 und GITR auf der Oberfläche und können durch den Transkriptionsfaktor Foxp3 charakterisiert werden. Dabei eignet sich CD25 allein nur unzureichend als spezifischer Marker für T_{Reg}, da die Expression auch auf aktivierten Effektor T-Zellen zu finden ist. Durch Transferexperimente von CD4$^+$CD25$^+$ T_{Reg} in die Trachea von Mäusen vor der Provokation konnte gezeigt werden, dass Atemwegshyperreaktivität und die Entzündung vermindert waren [28]. Andererseits wurde publiziert, dass im Mausmodell die Depletion von CD4$^+$CD25$^+$ Zellen sowohl die allergen-induzierte Atemwegs Hyperreaktivität verschlechterte, als auch die Zahl der pulmonaren myeloiden DCs [29]. In diesem Experiment ist jedoch nicht auszuschließen, dass auch aktivierte Effektor T-Zellen ausgeschaltet wurden und somit das Ergebnis nicht allein auf das Fehlen von regulatorischen T-Zellen zurückzuführen ist. Neben den natürlich vorkommenden regulatorischen T-Zellen entstehen auch in der Peripherie allergen-spezifische so genannte induzierte T_{Reg} (iT_{Reg}), die jedoch nur teilweise Foxp3 exprimieren [30]. Eventuell entstehen Allergien auch durch eine unzureichende Entwicklung von allergen-spezifischen Foxp3$^+$ T_{Reg} [31]. Es ist auch vorstellbar, dass durch die lokale Sekretion von IL-10 und TGFβ von T_{Reg} die Reifung von DCs unterdrückt wird, und diese wiederum Toleranz induzieren [32].

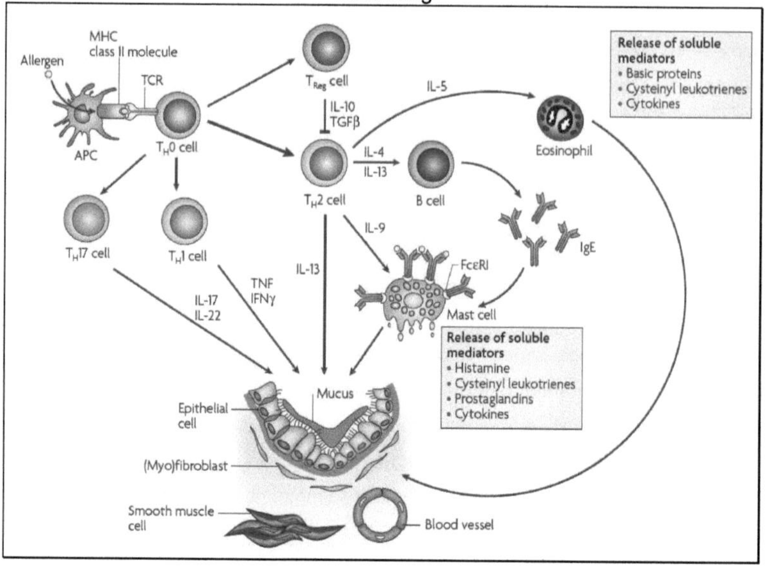

Abbildung 5: Allergischer Mechanismus [33]

Inzwischen wird postuliert, dass T_{Reg} im allergischen Asthma maßgeblich an der Kontrolle der allergischen Reaktion beteiligt sind (vgl. Abbildung 5). Durch die Produktion von IL-10 und TGFβ supprimieren regulatorische T Zellen die bereits oben beschrieben Allergie auslösende Effekte durch T_H2 Zellen und deren Mediatoren.

Da jedoch inzwischen verschiedene Populationen von T_{Reg} beschrieben wurden, deren supprimierende Wirkungsweise ebenfalls sehr unterschiedlich ist (vgl. Abbildung 6), bleibt deren Beteiligung in der Allergischen Atemwegsentzündung weitgehend unaufgeklärt.

Einleitung

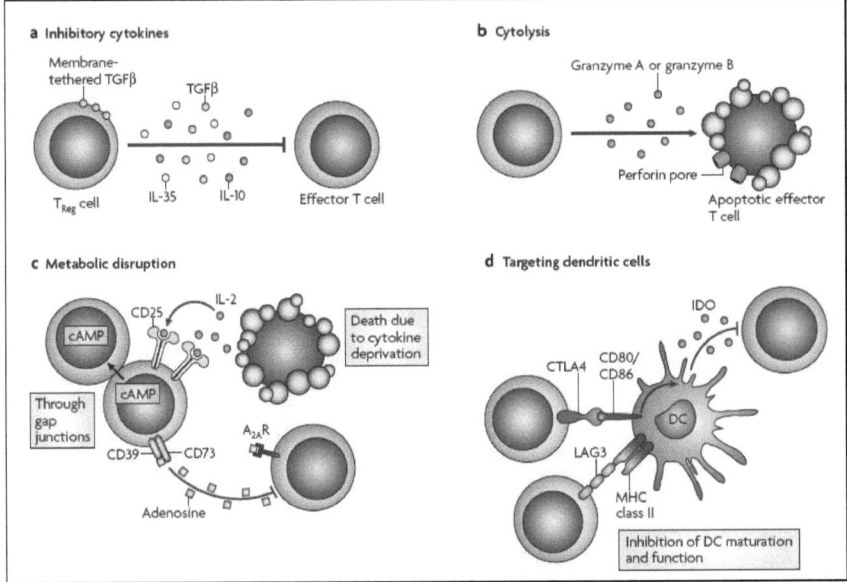

Abbildung 6: Basale Mechanismen von regulatorischen T-Zellen [34]

Regulatorische T-Zellen können einerseits durch inhibitorische Zytokine wie TGFβ direkt auf die Effektor T-Zellen Einfluss nehmen (vgl. Abbildung 6 a) oder durch Granzym A oder B die Zytolyse von Effektor T-Zellen bewirken (vgl. Abbildung 6 b). Andererseits können regulatorische T-Zellen den Metabolismus von Ziel-Zellen stören, was Apoptose durch den CD25-abhängigen Zytokin-Entzug, cAMP-abhängige Inhibition und Adenosin Rezeptor-vermittelte Immunsuppression beinhaltet (vgl. Abbildung 6 c). Darüber hinaus können T_{Regs} die Ausreifung und Funktion von Dendritischen Zellen unterdrücken (vgl. Abbildung 6 d).

Zielsetzung

1.5. Zielsetzung der Arbeit

Der Anteil an Allergikern der in industrialisierten Ländern lebenden Bevölkerung hat in den letzten Jahrzehnten drastisch zugenommen. Die Prognosen für die Zukunft sind bedenklich, da diese Entwicklung weiter zunehmen wird. An der Ausbildung von Allergien und Asthma sind neben der genetischen Prädisposition auch verschiedene Umwelteinflüsse beteiligt. Die Ausbildung des allergischen Asthma bronchiale ist eine Folge von komplexen Vorgängen im Immunsystem. Dabei gerät das Immunsystem, beeinflusst durch die verschiedensten Faktoren aus dem Gleichgewicht und bildet die für die Allergie spezifische T_H2-Immunantwort aus.

Im Vorfeld wurde bereits in verschiedenen Studien untersucht, welche Rolle dabei regulatorische Immunzellen, wie bestimmte Dendritische Zellen oder regulatorische T-Zellen spielen.

Das Ziel der vorliegenden Arbeit ist es, zum einen durch die *de novo* Generierung verschiedener transgener Mausmodelle die Rolle von unterschiedlichen Subpopulationen der Dendritischen Zellen in der allergischen Atemwegsentzündung direkt *in vivo* zu untersuchen. Zunächst sollten CD11c-DipA-BAC- und CD11c-Cre-IRES-pDsRED-BAC-transgene Mäuse generiert werden, und auf ihre Funktionalität getestet werden. Als Alternative soll eine konventionelle CD11c-DipA-transgene Mauslinie erzeugt und charakterisiert werden.
Zur weiteren Untersuchung der Subpopulationen CD11c$^+$ Zellen können diese mit entsprechenden kommerziell erhältlichen Mausstämmen kombiniert werden.

Zum anderen sollten Mausmodelle zur allergischen Atemwegsentzündung im Labor etabliert werden.
Um im Rahmen der Arbeit die TARC (CCL17)-exprimierende Subpopulation von Dendritischen Zellen in der allergischen Atemwegsentzündung untersuchen zu können, wurden TARC ko/ko-Mäuse gewählt. Die Rolle des Chemokins TARC wurde bisher lediglich durch die Neutralisierung durch spezifische Antikörper im Mausmodell der allergischen Atemwegsentzündung untersucht, jedoch bis zu diesem Zeitpunkt nicht direkt *in vivo* charakterisiert. Weitere Untersuchungen, das Chemokin TARC in der Allergiesituation betreffend, lieferten bisher oft widersprüchliche Ergebnisse, weswegen die Experimente in der vorliegenden Arbeit genauere Aufschlüsse bieten sollen.

Des Weiteren wurde den regulatorischen T-Zellen bereits vielfach eine entscheidende Bedeutung in der allergischen Reaktion zugesprochen. Mangels fehlender Marker und entsprechend spezifischer Mausmodelle zur Unterscheidung verschiedener T_{Reg}-Subpopulationen, konnten die bisher in der Literatur beschriebenen Experimente jedoch oft nur mit Hilfe depletierender Antikörper gegen CD25$^+$ Zellen durchgeführt werden. Die im Labor generierte DEREG-Maus bietet

Zielsetzung

nun zum ersten Mal die Möglichkeit, Foxp3-positive regulatorische T-Zellen direkt *in vivo* und zu beliebigen Zeitpunkten zu depletieren und somit Rückschlüsse auf deren Funktion in der allergischen Atemwegsentzündung zu ziehen.

2. MATERIAL UND METHODEN

2.1. Material

2.1.1. Geräte

Analytische Waage	Sartorius, Göttingen
Biofuge Pico/Fresco	Heraeus, Hanau
FACS-Calibur	Becton Dickinson, Heidelberg
Gefrierschrank -20°C	Siemens, München
Heizblock 2Q	VLM, Leopoldshöhe
Inkubator BBD6220	Heraeus, Hanau
Kühlschrank 4°C	Liebherr, Schweiz
Mikroskop, Axiovert 25	Zeiss, Jena
Multikanal-Pipetten	ThermoLabsystems, USA
Multipipette Plus	Eppendorf, Hamburg
Nanodrop ®ND-1000 Spektrophotometer	Nanodrop, Steinfurt
Neubauer Zählkammer	Roth, Karlsruhe
Orion Mikroplatten Luminometer	Berthold Detection Systems, Pforzheim
PARI-Master Kompressor, Vernebler	PARI GmbH, Starnberg
pH-Meter Multical	WTW, Weilheim
Pipetten	Gilson, USA
Plastikwaren	NUNC, Wiesbaden; Falcon, USA
Sterilbank	Heraeus, Hanau
Tischzentrifuge, Biofuge pico	Heraeus, Hanau
Tischzentrifuge, Biofuge fresco	Heraeus, Hanau
Vortexer	Sientifica, Italien
Wasserbad	Julabo, USA
Waage	Sartorius, Göttingen
Zentrifuge, Multifuge3	Haereus, Hanau
Zytozentrifuge Cytospin3	Shandon, Frankfurt

2.1.2. Chemikalien

1 kb-Leiter GeneRuler TM	Fermentas, St. Leonroth
6x Laufpuffer	Fermentas, St. Leonroth
Aluminium hydroxide, $Al(OH)_3$	Sigma, Taufkirchen
β-Mercaptoethanol	Invitrogen, Karlsruhe
BSA (Bovines Serum Albumin)	Sigma, Taufkirchen

Material und Methoden

Chloroform	Baker, Griesheim
Cytofix/Cytoperm	BD Bioscience, Heidelberg
dNTPs, Roti-Mix® PCR3	Roth, Karlsruhe
EDTA	Sigma, Taufkirchen
Embryo-Wasser	Sigma, Taufkirchen
Erythrozyten-Lysepuffer	Sigma, Taufkirchen
Ethanol	Merck, Darmstadt
Ethidiumbromid	Sigma, Taufkirchen
Ethidium Monazid (EMA)	Invitrogen, Karlsruhe
Fötales Kälberserum (FCS)	Perbiol/Hyclone, USA
Glycerol	Sigma, Taufkirchen
L-Glutamine 200 mM	Biochrom AG, Berlin
Methanol	Roth, Karlsruhe
Natriumchlorid (NaCl)	Roth, Karlsruhe
Paraformaldehyd	Sima, Taufkirchen
PBS Dulbecco	Biochrom AG, Berlin
Penicillin/Streptomycin	Gibco, USA
Propidiumiodid	Sigma, Taufkirchen
Taq Polymerase	Roche Diagnostics, USA
Tween 20	Sigma, Taufkirchen
Wasserstoffperoxid (H_2O_2)	Sigma, Taufkirchen

2.1.3. Weitere Posten

Zellkulturschalen und Petrischalen	Nunc, Wiesbaden
Insulin-Spritze 1 ml SubQ	Becton, Dickinson, Heidelberg
MaxiSorp 96-Loch-Platten	Nunc, Wiesbaden
PCR-Reaktionsgefäß	Kisker, Steinfurt

2.1.4. PCR Primer

Gen	5'-3' Sequenz	Firma
STOPP s P546	gaagacccccaaggactttcc	TIB MOLBIOL
STOPP as P547	gcagcccaagcttacttacc	TIB MOLBIOL
DipA s P431	gaattcatgggcgctgatgatgt	TIB MOLBIOL
DipA as P562	tcgcctgacacgatttcctg	TIB MOLBIOL
Cre s P473	gctgccacgaccaagtg	TIB MOLBIOL

Material und Methoden

Cre s P474	tcgccatcttccagcag	TIB MOLBIOL
TARC ko s P619	ACTCTCAggACACCTgCTTCC	TIB MOLBIOL
TARC ko as P621	ggggCAAACAACAgATggC	TIB MOLBIOL
TARC wt s P619	ACTCTCAggACACCTgCTTCC	TIB MOLBIOL
TARC wt as P620	gAgACCCTTgAgCCTgAgAg	TIB MOLBIOL
GFP s P162	GCGAGGGCGATGCCACCTACGGCA	TIB MOLBIOL
GFP as P163	GGGTGTTCTGCTGGTAGTGGTCGG	TIB MOLBIOL
CD11c BoxA Integration s P349	TCTCTGAAAGGTGAATGTGACTAT	TIB MOLBIOL
CD11c BoxB Integration as P352	TGAGTTTATGGTCATAGCTGCAGC	TIB MOLBIOL
ß-Aktin s P499	atggatgacgatatcgct	TIB MOLBIOL
ß-Aktin as P500	atgaggtagtctgtcaggt	TIB MOLBIOL

2.1.5. Antikörper für FACS-Analysen / ELISA

Antigen	Spezies	Isotyp	Konjugat	Verdünnung	Firma
CD4	Maus	ratIgG2b, k	R-PE	1:200	NatuTec
CD4	Maus	IgG2b, k rat	Alexa647	1:200	eBioscience
CD11c	Maus	IgG1, l armenian hamster	FITC, PE	1:200	BD Bioscience
CD11c	Maus	IgG, armenian hamster	Alexa647	1:200	eBioscience
CD45R/B220	Maus	IgG2a rat	R-PE	1:200	eBioscience
CD16/CD32	Maus	IgG2a, l rat	pur	1:100	eBioscience
I-A/I-E (MHCII)	Maus	$IgG_{2a,k}$ Rat (DA/HA)	FITC	1:1000	BD Bioscience
I-A/I-E (MHCII)	Maus	IgG2b, k rat	APC	1:200	eBioscience
IgE Standard	Maus	IgE	pur		AbD serotec
IgG1 Standard	Maus	IgG1	pur		Sigma Aldrich
IgG2a Standard	Maus	$IgG2a,\kappa$	pur		dianova

Material und Methoden

2.2. Methoden

2.2.1. Zellbiologie

2.2.1.1. Medium für die Zellkultur Eukaryontischer Zellen

RPMI Medium
500 ml RPMI 1640
50 ml Hitze inaktiviertes FCS
5 ml Penicillin/Streptomycin
5 ml L-Glutamin 200 mM
500 µl β-Mercaptoethanol 50 mM

DMEM Medium
500 ml DMEM 1640
50 ml Hitze inaktiviertes FCS
5 ml Penicillin/Streptomycin
5 ml L-Glutamin 200 mM
500 µl β-Mercaptoethanol 50 mM

2.2.1.2. Zellkultur von HEK293 Zellen

HEK293 Zellen wurden in DMEM Medium bei 37°C, 5% CO_2 und 85% Luftfeuchtigkeit bis zu einem konfluenten Wachstum von 60-70% kultiviert. Um die Zellen zu splitten wurden sie 1x mit PBS gewaschen und dann mit 1 ml Trypsin/EDTA inkubiert, um die adherenten Zellen abzulösen. Durch die Zugabe von 9 ml Medium wurde die Reaktion gestoppt. Nach Resuspension wurden die Zellen je nach Dichte in einer 1:5- bis 1:20-Verdünnung in neue Zellkulturschalen mit frischem Medium überführt. Das Splitten der Zellen erfolgte jeden zweiten Tag.

2.2.1.3. Präparation von Knochenmarks-Zellen zur Generierung von Dendritischen Zellen

Die Mäuse wurden durch Genickbruch getötet, die Hinterbeine entfernt und die Ober- und Unterschenkelknochen frei präpariert. Nach der Desinfektion der Knochen in 70% Ethanol wurden die Enden abgeschnitten und das Knochenmark durch Ausspülen mit 1x PBS unter Verwendung einer sterilen Injektionsnadel aus den Knochen extrahiert. Nach der Zentrifugation für 7 min bei 1300 rpm wurde der Überstand verworfen und die Erythrozyten durch Zugabe von 1ml Lysepuffer für 10 min lysiert. Nach Zugabe von 10 ml 1x PBS wurden die Zellen wiederum für 7 min zentrifugiert. Der Überstand wurde verworfen und die Zellen in komplettiertem RPMI Medium resuspendiert. Für so genannte GM-CSF DCs wurden zwei bis vier Millionen Zellen unter Zugabe der chargen-abhängigen Konzentration von GM-CSF in 10 ml Medium auf Petrischalen ausplattiert und bei 37°C kultiviert. Zwei Tage nach der Präparation wurden 10 ml Medium mit GM-CSF versetzt und zu den Zellen gegeben. Alle zwei darauf folgenden Tage wurde das Medium

Material und Methoden

gewechselt, indem 10 ml der Zellkultur bei 1300 rpm für 7 min abzentrifugiert, das Zell-Pellet in 10ml GM-CSF Medium resuspendiert und zurück in die Petrischale gegeben wurde. An Tag 8-10 wurden die Zellen geerntet.

Zehn bis fünfzehn Millionen Zellen wurden unter Zugabe der chargen-abhängigen Konzentration von Flt3-L in 10 ml Medium auf Petrischalen ausplattiert, um Flt3-L DCs zu generieren, und für 10 Tage ohne Wechsel des Mediums kultiviert.

2.2.1.4. „Bulk" Assay

Mediastinale Lymphknoten wurden von den Mäusen entnommen und mit Hilfe eines Zellsiebes eine Einzel-Zellsuspension generiert. Nach Bestimmung der Zellzahl wurden 1×10^5 Zellen in einer 96 Lochboden-Platte ausgesät und für 4 Tage mit Ovalbumin (OVA, Grad VI, Sigma) oder αCD3 oder nur Medium restimuliert. Die Überstände wurden bis zur Bestimmung des Zytokin Gehalts bei -20 oder -80°C gelagert. Die Proliferation der Zellen wurde nach den Herstellerangaben mit Hilfe des „CellTiter-Glo® Luminescent Cell viability Assay" durchgeführt.

2.2.2. Mäuse

Alle transgenen Mäuse waren mindestens 10 Generationen auf den genetischen C57BL/6 oder BALB/c Hintergrund zurück gekreuzt. Die Mäuse wurden im Institut für Medizinische Mikrobiologie, Immunologie und Hygiene (TUM, Deutschland) unter pathogen-freien Bedingungen gehalten. Die Tierversuche wurden von der Landesregierung autorisiert und genehmigt. Die Experimente wurden mit männlichen oder weiblichen Tieren im Alter zwischen 8-12 Wochen durchgeführt. Die Genotypisierung der Mäuse erfolgte entsprechend der Standard-Protokolle des Labors mittels PCR.

2.2.2.1. OVA induzierte Mausmodelle der allergischen Atemwegsentzündung

Es wurden verschiedene Immunisierungsprotokolle für verschiedene Experimente verwendet (Abbildung 7). Bei der intraperitonealen Immunisierung erfolgte die Sensibilisierung durch die Injektion von OVA (Grad VI, Sigma, 10 µg pro Maus) mit Alum (0,325 mg Aluminiumhydroxid $Al(OH)_3$) oder nur PBS an den Tagen 0, 14 und 21. An den Tagen 26-28 erfolgte die Provokation durch die Vernebelung von 1% OVA (Grad V) mit Hilfe des PARI-Masters in einer Plexiglas-Kammer. Die Analyse der Tiere erfolgte 24 h nach der letzten Provokation.

Die subkutane Immunisierung erfolgte nur mit OVA oder PBS an den Tagen 0, 7 und 14, die Provokation ebenfalls an den Tagen 26-28.

Material und Methoden

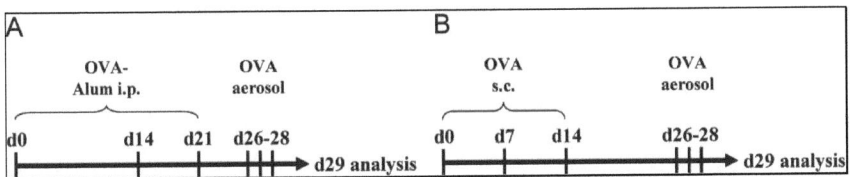

Abbildung 7: Immunisierungsprotokolle für die Induktion einer akuten allergischen Atemwegsreaktion
A: Die Immunisierung der Mäuse erfolgt an den Tagen 0, 14 und 21 mit OVA-Alum i.p.. Durch die Benebelung mit OVA Aerosol an den Tagen 26-28 erfolgt die Provokation der Immunantwort in der Lunge, woraufhin die Mäuse an Tag 29 analysiert werden. B: Dieses Protokoll unterscheidet sich lediglich durch die subkutane Sensibilisierung der Mäuse allein mit OVA ohne Adjuvans von dem Immunisierungsprotokoll in A.

2.2.2.2. Bronchoalveoläre Lavage (BAL)

Nach der zervikalen Dislokation wurde die Trachea der Mäuse mit 1 ml kalten 1x PBS mit Protease Inhibitor gespült. Der Überstand wurde für die spätere Bestimmung von Zytokinen bei -80°C eingefroren. Die Zellzahl des Pellets wurde bestimmt, dann wurde ein Teil (1/20tel) zur Generierung von Zytospins und der Rest für FACS-Analysen verwendet.

2.2.2.3. Giemsa-Färbung von BAL-Zellen

Ein Teil der BAL-Zellen wurde mit Hilfe der Zytozentrifuge auf Objektträger zentrifugiert. Nachdem die Zellen 1 h getrocknet wurden, folgte die Fixierung der Zellen mit Methanol für 5 min. Anschließend wurden die Objektträger mit der May-Grunwald-Giemsa-Lösung [35] gefärbt und getrocknet. Die unterschiedlichen Zelltypen wurden morphologisch unter dem Lichtmikroskop bestimmt.

Material und Methoden
2.2.2.4. „Head-out body Plethysmographie"

Die Bestimmung der Lungenfunktion (AHR=Atemwegs-Hyperreagibilität) [36] wurde bei unseren Kooperationspartnern in Marburg (AG Renz) durchgeführt.

2.2.2.4. Invasive Lungenfunktionsbestimmung mit Hilfe des „Flexivent"-Systems

Auch diese Messung wurde bei unseren Kooperationspartnern in Marburg (AG Renz) durchgeführt. 24 h nach der letzten Provokation mit OVA-Aerosol wurde die Atemwegs-Hyperreagibilität infolge von Metacholin durch eine invasive Methode gemessen [37]. Die Mäuse wurden mit Ketanest (Inresa Arzneimittel GmbH, Freiburg, Germany) und Rompun (Bayer Health Care, Leverkusen, Germany) anästhesiert und mit Esmeron (N.V. Organon, Oss, Netherlands) paralysiert. Sofort wurde die Trachea mit einer 1,2 mm Tracheal-Kanüle intubiert und mechanisch beatmet. die Lungenfunktion wurde dabei mit dem Flexivent-System (SCIREQ, Montreal, QC, Kanada) analysiert. Die Atem-Frequenz wurde auf 150/min mit einem Atemzugvolumen von 10 ml/kg und einem positiven Druck von 2 ml H_2O beim Ausatmen festgelegt. Um den Basalwert zu bestimmen, wurden die Mäuse mit vernebeltem PBS ausgesetzt. Anschließend wurde die Bronchokonstriktion durch die steigende Konzentrationen (1, 2,5, 5, 10, 25 und 50mg/ml in PBS) von vernebeltem Metacholin (Sigma-Aldrich, Taufkirchen) induziert. Die dynamische Resistenz wurde 1 min nach der Metacholin-Exposition durch ein standardisiertes Inhalations-Manöver (SnapShot-150), das alle 4 Sekunden 8 mal hintereinander gegeben wird, aufgezeichnet.

2.2.2.5. Histologie der Lunge

Die Lungen wurden *ex situ* mit 4% Paraformaldehyd über die Trachea fixiert, entnommen und in 4% Paraformaldehyd gelagert. Das Lungengewebe wurde dann in Paraffin eingebettet und 3 μm Schnitte davon mit Hämatoxylin und Eosin oder PAS (Periodic acid-Schiff staining) gefärbt, wie bereits beschrieben [38].

Material und Methoden

2.2.3. Kultivierung prokaryontischer Zellen

2.2.3.1. Puffer und Medien für die Kultivierung von Prokaryonten

LB Flüssig Medium
10 g Bacto-Trypton
5 g Bacto-Hefeextrakt
10 g NaCl
900 ml H_2O, pH 7,0 mit NaOH
auf 1 l auffüllen

M9 Platten:
5xM9 Salze (Lösung A)
30 g Na_2HPO_4
15 g KH_2PO_4
2,5 g NaCl
5 g NH_4Cl
autoklavieren

Lösung B:
2ml 1 M $MgSO_4$
0,1 ml $CaCl_2$
4 ml Glycerol
250 ml 20% Sucrose
12,5 mg Chloramphenicol

200 ml der Lösung A mit 550 ml H_2O_{dd} und 15 g Agar nochmals autoklavieren und auf 50 °C abkühlen lassen, dann mit Lösung B vermischen und die Platten gießen.

Medien und Platten wurden in der Nährbodenküche des Instituts hergestellt. Für Agar-Platten wurden 30g Agar in 1 l Flüssig-Medium gelöst. Flüssig-Medien und solche für Agar-Platten wurden autoklaviert. Ohne Zugabe von Antibiotika wurden Medien bei Raumtemperatur und Platten bei 4°C gelagert.

SOB-Medium
20 g Bacto-Trypton
5 g Bacto-Hefeextrakt
10 g NaCl
2,5 ml 1 M KCl
900 ml H_2O, pH 7,0 mit NaOH
auf 1 l auffüllen
vor Gebrauch autoklavieren und 10 ml steriles 1 M $MgCl_2$ hinzufügen

Material und Methoden

SOC Medium	1 l SOB-Medium
	1 ml 1 M MgCl$_2$
	20 ml 1 m Glucose
Ampicillin	50 µg/ml (gelagert in H$_2$0 bei -20°C)
Chloramphenicol	34 µg/ml (gelagert in EtOH bei -20°C)

2.2.4. Protein-Biochemie

2.2.4.1. Puffer und Medien für die Protein-Biochemie

Erk -Puffer	50 mM Hepes pH 7,5
	150 mM NaCl
	1 mM EDTA
	1% Triron
	10 mM Na$_4$P$_2$O$_7$
	10 % Glycerol
Lyse-Puffer	7 ml Erk-Puffer
	140 µl NaF (500 mM)
	35 µl Na-ortho-Vanadat (200 mM)
	140 µl 50x Protease Inhibitor
Acrylamid-Lösung	30 % (w/v) Acrylamid
	0,8% (w/v) Bisacrylamid
	ad 200 ml H$_2$0$_{dd}$
4x Trenngel-Puffer	1,5 M Tris-HCl pH 8,8
4x Sammelgel-Puffer	0,5 M Tris-HCl pH 6,8
10% SDS	10% SDS in H$_2$0$_{dd}$
10%APS	10% Ammonium Persulfat in H$_2$0$_{dd}$
6x Proben-Puffer	7 ml Sammelgel-Puffer
	1g SDS
	3 ml Glycerol
	0,9 g DTT

Material und Methoden

0,06% Bromphenol Blau

Tank-Puffer	0,025 M Tris
	0,129 M Glycin
	0,1% SDS
	ad 10 l H_2O_{dd}
Transfer-Puffer	0,025 M Tris
	0,129 M Glycin
	200 ml EtOH
	ad 1 l H_2O_{dd}

2.2.4.2. Zell Lyse

Die Zellen wurden, nachdem sie zweimal mit PBS gewaschen wurden, durch die Zugabe von 200 µl Lyse-Puffer für 30 Minuten auf Eis lysiert. Nach der Zentrifugation bei maximaler Geschwindigkeit wurden die Überstände der Zelllysate zur Proteinbestimmung mit Hilfe des „BCA Protein Assay Reagent kit (PIERCE)" verwendet.

2.2.4.3. SDS Polyacrylamid Gelelektrophorese (PAGE) von Proteinen

Die SDS-PAGE wurde mit einer Gel-Dicke von 1,5 mm durchgeführt. Zunächst wurde das Trenngel in die Halterung eingefüllt und mit Ethanol überschichtet. Nach der Polymerisation wurde der Ethanol entfernt und das Sammelgel eingefüllt, sowie der Kamm platziert. Nach der vollständigen Polymerisation wurde der Kamm entfernt, das Gel in die Kammer eingespannt und mit Tank-Puffer aufgefüllt. Die Zell Lysate wurden 1:6 mit 6x Proben-Puffer und für 5 min bei 95°C inkubiert. Von jeder Probe wurden 20 µl auf das Gel geladen. Zusätzlich wurden 5 µl eines Größenstandards auf das Gel geladen. Die SDS-PAGE wurde bei 200 V für 1-2 Stunden durchgeführt.

Material und Methoden

	Trenngel 12,5%	Sammelgel 4%
Acrylamid-Lösung	8,3 ml	0,88 ml
4x Trenngel-Puffer	5 ml	-
4x Sammelgel-Puffer	-	1,66
10% SDS	0,2 ml	66 µl
H20dd	4,7 µl	4,06 ml
TEMED	6,7 µl	3,3 µl
10% APS	100 µl	33,4 µl

2.2.4.4. Western-Blot-Analyse

Die Western-Blot-Analyse dient dem Transfer der Proteine aus der SDS-PAGE auf eine Nitrocellulose-Membran. Dafür wurde die Nitrocellulose-Membran auf das Gel gelegt und beides zwischen zwei Whatman-Papiere und zwei Schwämme geklemmt. Diese wurden in die Kammer eingespannt und mit Transferpuffer aufgefüllt. Nach dem Transfer für 1 h bei 110 V wurde die Membran für 5 min mit Wasser gewaschen. Um unspezifische Antikörper-Bindung zu vermeiden, wurde die Membran mit 5% Milchpulver in TBST für 1 Stunde auf dem Schüttler inkubiert. Der erste Antikörper wurde in einer Verdünnung von 1:10000 5% Milchpulver in TBST über Nacht inkubiert. Am nächsten Tag wurde die Membran 3-mal in TBS-T gewaschen und für eine Stunde mit dem sekundären Antikörper (Verdünnung 1:5000) inkubiert. Nach weiteren 3 Waschschritten wurden die gebundenen Antikörper mit Hilfe des „Lumi-Light" Western Blot Substrates detektiert. Um gleiche Mengen der geladenen Proteine zu bestätigen, wurden die bisher gebundenen Antikörper durch die Inkubation der Membran mit 0,2 N NaOH für 20 Minuten entfernt. Die Membran wurde nun mit einem Antikörper gegen das konstitutiv exprimierte β-Aktin inkubiert und zu dessen Detektion wie oben verfahren.

Material und Methoden

2.2.5. Molekularbiologie

2.2.5.1. Puffer und Medien für die Molekularbiologie

DNA-Laufpuffer	50 mg Orange G
	0,5 ml 1 M Tris
	15 ml Glycerol
	35 ml H_2O_{dd}
50x TAE	42 g Tris
	500 ml H_2O_{dd}
	100 ml 0,5 M Na_2EDTA, pH 8,0 *ad* 1000 ml H20
10x TBE	108g Tris
	55g Borsäure
	900 ml H_2O_{dd}
	40 ml 0,5 M Na_2EDTA, pH 8,0
	ad 1l H_2O_{dd}
"Kill Juice"	50 mM Tris-HCl pH 8,0
	100 mM NaCl
	25 mM EDTA
	0,9% SDS
Phenol/Chloroform	Tris gepuffertes Phenol (pH 8,0)
	Chloroform
	Isoamyl Alkohol
	Verhältnis 25:24:1

2.2.5.2. Isolierung von genomischer DNA aus Gewebe-Proben

1-2 mm lange Schwanzbiopsien wurden mit einer sterilen Schere von den Mäusen entnommen. Zur Denaturierung der Proteine wurden 5 µl Proteinase K mit 500 µl „kill juice" zu den Biopsien gegeben und über Nacht bei 55°C auf dem Thermoschüttler inkubiert. Nach Zentrifugation wurde der lösliche Überstand in 600 µl Phenol/Chloroform überführt, gemischt und für 30 min bei 13000 rpm zentrifugiert. Die DNA-enthaltende obere wässrige Phase wurde in 1 ml 100% Ethanol

Material und Methoden

überführt, zur DNA-Präzipitation wiederum gut gemischt und für 15 min bei 13000 rpm zentrifugiert. Der Überstand wurde verworfen, das DNA-Pellet mit 600 µl 70% Ethanol gewaschen und wiederum bei 13000 rpm für 5 min zentrifugiert. Wiederum wurde der Überstand verworfen, das Pellet für mindestens 30 min getrocknet und in 50 µl Wasser gelöst.

2.2.5.3. Klonierungen

Mini- und Maxipreparationen von Plasmid oder Vektor DNA wurden gemäß dem Protokoll der QIAGEN-Kits durchgeführt. Ebenso wurde mit DNA-Extraktionen und Aufreinigungen aus Agarosegelen verfahren. Ligationen wurden mit Hilfe des „Quick Ligation kit" von New England Biolabs durchgeführt, wobei ein 3:1 Verhältnis von Insert zu Vektor eingesetzt wurde. Die Klonierungs-Strategie zur Generierung diverser Konstrukte zur Rekombination entsprechender BACs ist in Abbildung 8 dargestellt.

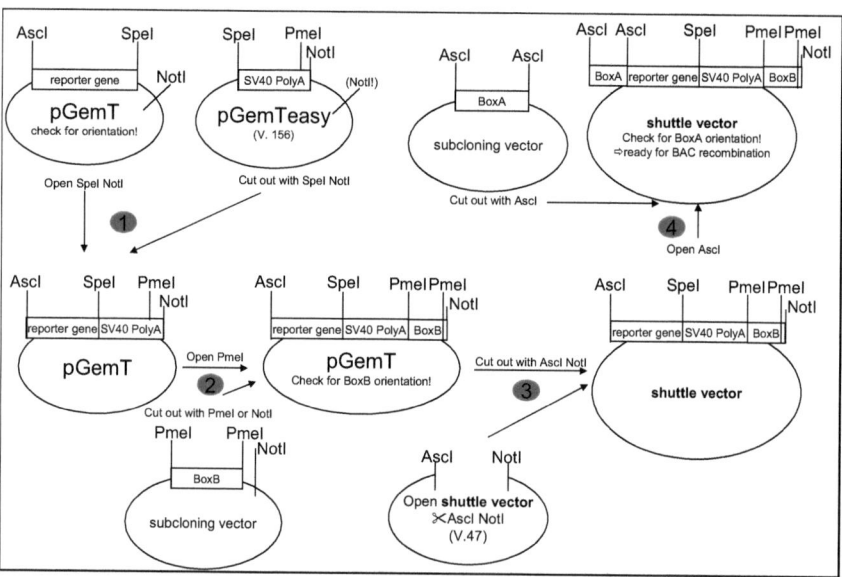

Abbildung 8: Schematische Darstellung diverser Klonierungs-Strategien für die Integration eines Reporter-Konstrukts in den „shuttle" Vektor V.47.

In den Fällen, bei denen ein SV40 Poly Adenylierungs Signal im Konstrukt enthalten sein soll, wird dieses im ersten Schritt über einen Restriktionsverdau mit SpeI und NotI aus dem entsprechenden Plasmid mit pGEM®-T Easy Vektor ausgeschnitten. Durch die Ligation mit dem mit SpeI und NotI geöffneten Reporterplasmid wird SV40 PolyA direkt hinter das Reporter-Gen gebracht. In Schritt 2 erfolgt die Klonierung der zum Ziel-Gen homologen BoxB über die Schnittstellen PmeI und NotI hinter das SV40 PolyA. In Schritt 3 wird das bisherige Konstrukt über einen Verdau mit AscI und NotI in den „shuttle" Vektor V47 kloniert, und im vierten Schritt schließlich die homologe BoxA durch die Klonierung mittels AscI eingebracht. Die korrekte Integration der BoxA im Bezug auf die Orientierung wurde mittels analytischem Restriktionsverdau oder PCR

Material und Methoden

überprüft. Das Reporter-Konstrukt ist nun fertig für die homologe Rekombination mit dem entsprechenden wt BAC in vitro in E. coli.

Die Rekombination der BACs in vitro in E. coli erfolgte wie beschrieben [39, 40].

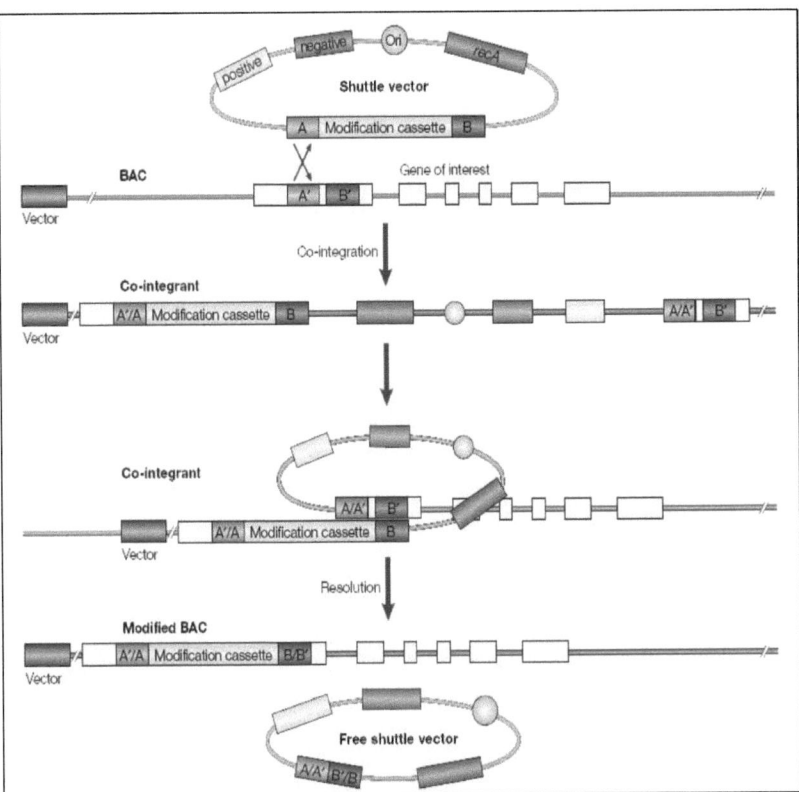

Abbildung 9: Schematische Darstellung des Prinzips der BAC-Rekombination
Die erste homologe Rekombination in E. coli erfolgt über die Box A des „shuttle"-Vektors mit der homologen Box A im wt BAC, was die Ko-Integration des Vektors in den wt BAC zur Folge hat. Über eine zweite homologe Rekombination der Boxen B erfolgt die Integration der Modifikations-Kassette in den wt BAC und die Ablösung des freien Vektors. Verändert nach [41].

2.2.5.4. Agarose Gelelektrophorese

DNA-Fragmente wurden auf 1%igen Gelen mit 0,01% Ethidiumbromid mittels Gelelektrophorese bei 90V der Größe nach aufgetrennt. Dabei dienten 5µl der 1kb-Leiter als Größenstandard.

2.2.5.5. PCR

Material und Methoden

PCR Ansatz für 25 µl

0,5 µl 10 mM dNTPs
0,5 µl 10 µM Primer-Mischung
1 µl Taq Polymerase
2,5 µl Puffer
19,5 µl H_2O
50 ng DNA in 1 µl

Generell wurde folgendes Programm für die DNA-Amplifikation verwendet, wobei die „Annealing"-Temperatur und die Extensionszeit je nach Primer und Fragmentgröße variieren können.

94°C 5 min
94°C 1 min ⎫
60°C 1 min ⎬ 30-35x
72°C 1,5 min} ⎭
72°C 10 min
4 °C ∞

2.2.5.6. mRNA-Isolierung

Um RNA aus Zellen zu isolieren, wurden diese in 1 ml TRIzol resuspendiert. Nach 5 min Inkubation bei Raumtemperatur wurden 200 µl Chloroform zugegeben. Alles wurde für 15 sec gut gemischt und für 3 min bei Raumtemperatur inkubiert. Nach der Zentrifugation bei 13000 rpm für 15 min wurde die wässrige Phase entnommen und mit 500 µl Isopropanol gemischt. Nach 10 min Inkubation wurde wieder zentrifugiert und der Überstand verworfen. Zum RNA Pellet wurden 500 µl Ethanol hinzu gegeben, um es zu waschen. Nach erneuter Zentrifugation wurde das trockene Pellet schließlich in 20 µl H_2O gelöst und für die weiter Verwendung bei -80°C gelagert.

2.2.5.7. cDNA-Herstellung durch RT-PCR (ImPromII™ Reverse Transcription System Promega)

Ansatz:

4µl RNA (≤ 1 µg)
1 µl OligodT
5µl Gesamtvolumen

5 min bei 70°C, anschließend 5 min auf Eis inkubieren.

Master Mix:

4,5 µl H_2O

Material und Methoden

4 µl 5xPuffer

4 µl MgCl$_2$

1 µl dNTPS

0,5 µl RNAsin

1 µl RT

Zur cDNA-Synthese werden 5 µl des Ansatzes mit 15 µl des Maser Mix gemischt, für 5 min bei RT und 60 min bei 42°C inkubiert.

2.2.6. Immunologie

2.2.6.1. ELISA (Enzyme linked immunosorbent assay)

2.2.6.1.1. Sandwich-ELISA

„coating"-Lösung	1x PBS
Blockier-Lösung	1x PBS 1% BSA
Reagenz-Lösung	1x PBS 1% BSA
Waschpuffer	1x PBS 0,05% Tween20
„capture"-Puffer	27,5 µl „capture" Antikörper (360 ng/ml) 5 ml 1x PBS
Detektions-Puffer	27,5 µl Detektions Antikörper (18 ng/ml) 5 ml Reagenz-Lösung
Konjugations-Puffer	25 µl HRP 5 ml Reagenz-Lösung
Substrat Reagenz	1 Tablette Tetra-Methyl-Benzidin (TMB) 10 ml 0,05 M Phosphat-Citrat-Puffer 2 µl 30% H$_2$O$_2$

Material und Methoden

Phosphat-Citrat-Puffer	25,7 ml 0,2 M Na_2HPO_4
	24,3 ml 0,1 M Zitronensäure 1-Hydrat (pH 5,0)
	50 ml H_2O_{dd}
	pH ad 5,0 mit HCl
Stopp-Lösung	2 N H_2SO_4

NUNC Maxisorb Mikrotiterplatten wurden mit je 50 µl „capture" Puffer beschichtet und über Nacht bei 4°C inkubiert. Am nächsten Tag wurden die Platten leer geklopft und mit jeweils 200 µl Blockier-Lösung für 2 h bei Raumtemperatur inkubiert. Nach dreimaligem Waschen der Platten wurden die Proben in der entsprechenden Verdünnung zusammen mit dem Standard auf der Platte verteilt. Die Inkubation erfolgte wiederum über Nacht bei 4°C. Am nächsten Tag wurden die Platten wiederum 3-mal gewaschen. Nach Zugabe von je 50 µl Detektions-Puffer folgte eine Inkubationszeit von einer Stunde bei Raumtemperatur. Nach erneutem Waschen wurden je 50 µl Konjugations-Puffer aufgetragen, 20 min lang inkubiert und wiederum gewaschen. Die Farbentwicklung fand nach erneutem Waschen und Zugabe von je 100 µl Substrat Reagenz im Dunkeln für 20-60 min statt. Anschließend wurde die Reaktion mit 50 µl Stopp-Lösung angehalten und die Messung im ELISA Plattenleser bei 450 nm (Referenz 570 nm) durchgeführt. Die Analyse der Werte erfolgte mit der Software Sigmaplot.

2.2.6.1.2. OVA-spezifischer Ig Isotypen ELISA

„coating"-Lösung	1x PBS
	10 µl/ml OVA Endkonzentration
Blockier-Lösung	1x PBS
	1% BSA
Reagenz-Lösung	1x PBS
	1% BSA
Waschpuffer	1x PBS
	0,05% Tween20
Sekundär-Antikörper-Lösung	Sekundär Antikörper (α-IgE-Biotin, α-Ig2a-Biotin, α-Ig2c-Biotin, α-IgG1-Biotin; 1:1000)
	5 ml 1x PBS

Material und Methoden

Detektions-Puffer	Streptavidin-AKP (1:1000)
	5 ml Reagenz-Lösung
Phosphatase Substrat	1 Tablette Phosphatase Substrat
	5 ml 0,1 M Diethanolamin
Stopp-Lösung	10 N NaOH

Zur Detektion von OVA spezifischen Immunglobulinen im Serum wurden NUNC Maxisorb Mikrotiterplatten mit je 50 µl „capture" Puffer beschichtet und über Nacht bei 4°C inkubiert. Am nächsten Tag wurden die Platten leer geklopft und mit jeweils 200 µl Blockier-Lösung für 2 h bei Raumtemperatur inkubiert. Nach dreimaligem Waschen der Platten wurden 50µl der Proben in der entsprechenden Verdünnung zusammen mit dem Standard auf der Platte verteilt. Die Inkubation erfolgte wiederum über Nacht bei 4°C. Am nächsten Tag wurden die Platten wiederum 3-mal gewaschen. Nach Zugabe von je 50 µl der Sekundär Antikörper-Lösung folgte eine Inkubationszeit von einer Stunde bei Raumtemperatur. Nach erneutem Waschen wurden je 50 µl Detektions-Puffer aufgetragen, 1 h lang inkubiert und wiederum gewaschen. Die Farbentwicklung fand nach erneutem Waschen und Zugabe von je 50 µl Phosphatase Substrat im Dunkeln für 20-60 min statt. Anschließend wurde die Reaktion mit 20 µl Stopp-Lösung angehalten und die Messung im ELISA Plattenleser bei 450 nm (Referenz 570 nm) durchgeführt. Die Analyse der Werte erfolgte mit der Software Sigmaplot.

2.2.6.2. Durchfluss-Zytometrie („Fluorescence activated cell sorting" FACS)

FACS-Puffer	1% BSA in 1x PBS
Erythrozyten Lyse-Puffer	8,29 g NH_4Cl
	1 g $KHCO_3$
	37,2 mg Na_2EDTA
	800 ml H20 (pH 7,4 mit 1 N HCl)
	ad 1 l H_2O_{dd}

2.2.6.2.1. FACS-Analyse von Oberflächen-Antigenen

Bei der Färbung von Blut oder Zellsuspensionen aus Organen erfolgte zunächst die Lyse der Erythrozyten durch Resuspension in 1 ml Lyse-Puffer mit anschließender Inkubation von 10 min.

Material und Methoden

Durch Auffüllen mit 9 ml PBS wurde die Reaktion gestoppt, die Zellen für 7 min bei 1300 rpm zentrifugiert und auf die Platten zur FACS-Färbung überführt. Die Färbungen wurden mit einer Zellzahl von bis zu 1×10^6 Zellen in 96 Loch V-Boden-Platten auf Eis durchgeführt. Die Zellen wurden zunächst pelletiert und in 50 µl anti-CD16/CD32 in FACS-Puffer resuspendiert, um unspezifische Bindung an den Fc-Rezeptoren der Zellen zu vermeiden. Nach 10 min Inkubation wurden die Zellen wiederum bei 1300 rpm zentrifugiert und anschließend in 50 µl der entsprechenden Antikörper-Lösung für 20 min im Dunkeln inkubiert. Die Zellen wurden wiederum zentrifugiert und 2-mal mit FACS-Puffer gewaschen. Um tote Zellen anzufärben, wurde das Pellet in 200 µl FACS-Puffer resuspendiert und eine Propidiumiodid (PI)-Lösung (1 mg/ml, 1:1000) zugegeben. Anschließend wurden die Zellen in FACS-Röhrchen überführt und am FACS-Calibur akquiriert. Die Analyse erfolgte mit der Software Flow Jo.

2.2.6.2.2. FACS-Analyse von intrazellulären Antigenen

Für die intrazelluläre Färbung werden zunächst die toten Zellen durch eine Inkubation von 20 min mit Ethidiummonazid (EMA, 1 mg/ml, 1:1000) unter direktem Licht bei gleichzeitiger Inkubation mit dem Fc Block angefärbt. Nach der Zentrifugation für 7 min bei 1300 rpm wurde meist mit einer Färbung der Oberflächen-Antigene fort gefahren, ohne die Färbung mit PI am Ende. Um die Zellen zu permeabilisieren, wurden die Pellets mit Cytofix/Cytoperm von BD inkubiert und die weiteren Schritte zur Färbung nach den Angaben des Herstellers durchgeführt.

3. ERGEBNISSE

3.1. Generierung transgener Mäuse

3.1.1. Transgene Mäuse

Um die Rolle von verschiedenen Subtypen von Dendritischen Zellen direkt *in vivo* zu untersuchen, wurden zunächst transgene Mäuse mit Hilfe der BAC-(Bacterial Artificial Chromosome)-Technologie generiert. Die BACs stellen komplette Sequenzen genomischer DNA dar, die auch epigenetisch wichtige Elemente enthalten, die zur Genexpression nötig sind. Durch homologe Rekombination mit Hilfe einer Boxen-Strategie kann jedes beliebige Gen modifiziert und so zur spezifischen Untersuchung verwendet werden [39]. Der Vorteil der BAC-Technologie besteht darin, dass die genaue Promotorregion des Ziel-Gens nicht bekannt sein muss und dass die Herstellung von BAC-transgenen Mäusen durch die Modifikation *in vitro* in E.coli wesentlich schneller durchzuführen ist, als z. B. mit der Methode des „knock-in" (k/i) beziehungsweise „knock-out" (k/o)-Verfahrens. Durch die Integration des BACs in das Genom der Maus wird eine zusätzliche Kopie des Gens eingebracht, wobei der ursprüngliche Lokus im Mausgenom erhalten bleibt. Des Weiteren wurden so genannte konventionelle transgene Mäuse generiert, bei denen ein Reportergen direkt unter die Kontrolle einer bereits bekannten Promotorsequenz gebracht und somit gen-spezifisch exprimiert wird. Die Integration der modifizierten DNA in das murine Genom erfolgt dabei in beiden Fällen rein zufällig.

3.1.1.1. Generierung einer CD11c-DipA BAC-transgenen Maus

Zunächst lag die Intention darin, mit Hilfe der BAC-Technologie eine transgene Maus zu generieren, die die Untersuchung von Dendritischen Zellen ermöglicht. Hierfür wurde CD11c (auch bekannt als Integrin α X Kettenprotein ITGAX bekannt) als Hauptmarker von Dendritischen Zellen als Promotor gewählt. Neben den Dendritischen Zellen, jedoch nicht als Hauptmarker, exprimieren auch Monozyten, Makrophagen, Neutrophile und einige B-Zellen dieses Membranprotein [42]. Zur Untersuchung der Bedeutung von Dendritischen Zellen in der Maus wurde die Strategie gewählt, die CD11c$^+$ Zellen zu depletieren. Dazu sollte der CD11c BAC in der Hinsicht modifiziert werden, dass die A-Untereinheit des Diphtheria Toxins unter die Kontrolle des CD11c Promotors gelangt. Diphtheria Toxin ist ein Exotoxin, das vom *Corynebakterium diphtheriae* sekretiert wird. Es besteht aus einer Polypeptidkette, die 535 Aminosäuren enthält. Die beiden Untereinheiten A und B sind über Disulfid-Brücken miteinander verbunden. Nach Bindung der B-Untereinheit an den spezifischen Rezeptor auf der Zelloberfläche, gelangt die A-Untereinheit in das Zellinnere. Dort angelangt, katalysiert die A-Untereinheit die ADP-Ribosylierung des eukaryontischen

Ergebnisse

Elongationsfaktors 2 (eEF2), was zur DNA-Translations-Inhibition und schließlich zur Apoptose der Zielzelle führt [43-47] (Abbildung 10).

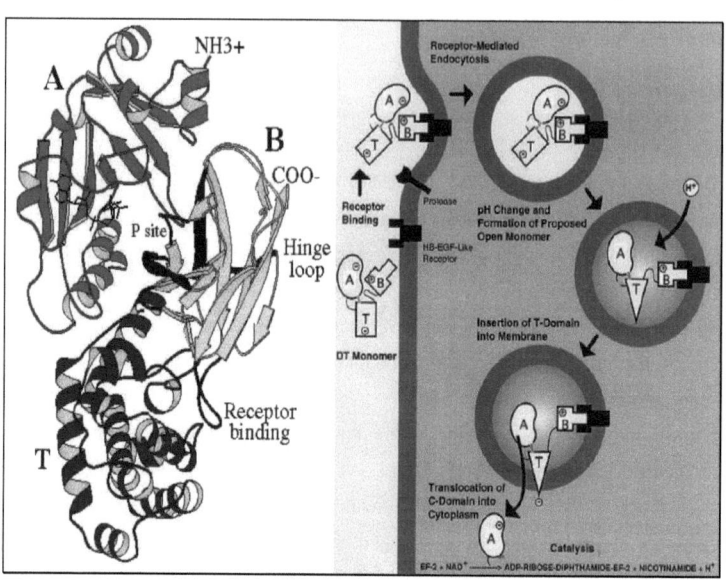

Abbildung 10: Das Diphtheria Toxin des *Corynebakterium diphtheriae*.
Links ist die Kristallstruktur des Toxins mit der A-Untereinheit in rot dargestellt. Auf der rechten Seite ist der schematische Ablauf der Wirkung des Toxins gezeigt.

Das Diphtheria Toxin ist dabei außerordentlich kompetent. Die letale Dosis beim Menschen liegt bei 0,1µg/kg [48]. Da die A-Untereinheit die Toxizität vermittelt und die Expression direkt in den gewünschten Zellen erfolgt, wurde nur die cDNA für die toxische Untereinheit A für die Klonierung des Konstrukts verwendet. Um die Möglichkeit zu gewährleisten, die Zellen nicht permanent sondern induziert zu depletieren, wurde das aus Phagen stammende Cre/lox-System verwendet, das bereits erfolgreich *in vitro* und *in vivo* zur konditionellen Inaktivierung vieler Gene eingesetzt wurde [49]. Die cDNA für die A-Untereinheit des Diphtheria Toxins (DipA) wurde unter die Kontrolle einer gefloxten STOPP-Kassette gebracht [50, 51]. Nur in Kombination mit dem Protein der Cre-Rekombinase, die 34 bp loxP DNA-Fragmente erkennt und die Entfernung von DNA vermittelt, welche von zwei loxP-Stellen der gleichen Orientierung flankiert ist, wird die STOPP-Kassette aus dem Genom entfernt und die toxische Untereinheit exprimiert. Diese Cre-Rekombination kann durch eine beliebige für Cre transgene Maus erfolgen. Durch die entsprechende Kombination verschiedener Cre-exprimierender transgener Mauslinien mit der CD11c-DipA BAC-transgenen Maus, bietet dieses System dadurch die Möglichkeit, auch die Vielzahl an Subgruppen

Ergebnisse

Dendritischer Zellen zu depletieren und somit deren Relevanz in verschiedenen Modellen zu untersuchen.

Zur Generierung der BAC-transgenen Mäuse wurde zunächst ein so genannter „shuttle vector" kloniert, der die Rekombinationskassette enthält (vgl. Abbildung 8). Diese besteht aus der zum CD11c BAC homologen 1 kb-Sequenz BoxA, der gefloxten STOPP-Kassette, der DipA-cDNA und der zum CD11c BAC homologen 1 kb Sequenz BoxB. Durch die homologe Rekombination des Vektors mit dem CD11c BAC (Itgax, RP23-332P22) *in vitro* in E. coli erhält man den modifizierten BAC, wobei in Exon 1 des CD11c-Gens die Sequenz für floxSTOPPDipA eingebracht und das Exon zerstört wird (vgl. Abbildung 9). Die erfolgreiche Integration der Reporterkassette in den BAC wurde mittels PCR überprüft (Abbildung 11).

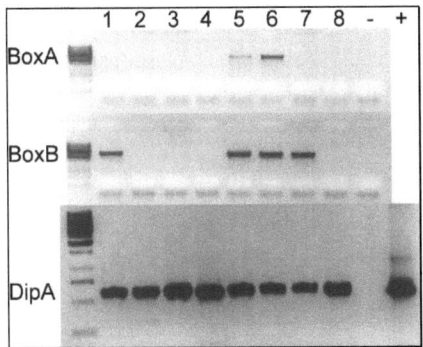

Abbildung 11: Identifizierung von rekombinierten BAC-Klonen mittels PCR
Nach der BAC-Rekombination wurden Chloramphenicol resistente aber Ampicillin sensitive Klone auf ihre Integration in den Wildtyp BAC hin getestet. Die Klone 5 und 6 wurden durch das positive PCR Ergebnis für die Integration von BoxA und BoxB und den Nachweis des Reporters DipA für den Verdau und die Aufreinigung für die spätere Vorkerninjektion ausgewählt.

Durch Anfügen einer AscI Schnittstelle mit angehängtem ACC an das 3' Ende der BoxA wurde zusätzlich eine optimierte Kozak-Konsensus-Sequenz (GCCACCATG) geschaffen, die nach erfolgreicher Rekombination zusammen mir dem intrinsischen ATG zu einer optimalen Translation führt [52]. Für die Mikroinjektion in Vorkerne befruchteter C57BL/6 Embryonen, wurde der modifizierte BAC durch den Verdau mit dem Restriktionsenzym SalI linearisiert, wobei auf den Erhalt potentieller epigenetischer regulatorischer Elemente 5' des ATG geachtet wurde (Abbildung 12).

40
Ergebnisse

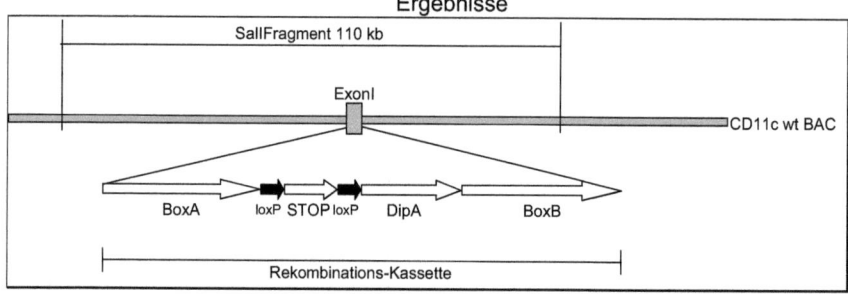

Abbildung 12: Schematische Darstellung des SalI Fragments.

Nach der *in vitro* Rekombination des CD11c wt BACs mit der Rekombinationskassette, die für DipA unter der Kontrolle einer gefloxten STOPP-Kassette codiert, wurde der rekombinierte BAC mit SalI verdaut, aufgereinigt und in die Pronuklei von befruchteten C57BL/6 Mausembryonen injiziert.

Nach der Aufreinigung wurde das 110 kb große Fragment (vgl. Abbildung 13) in die Vorkerne von befruchteten Eizellen von C57BL/6-Mäusen injiziert.

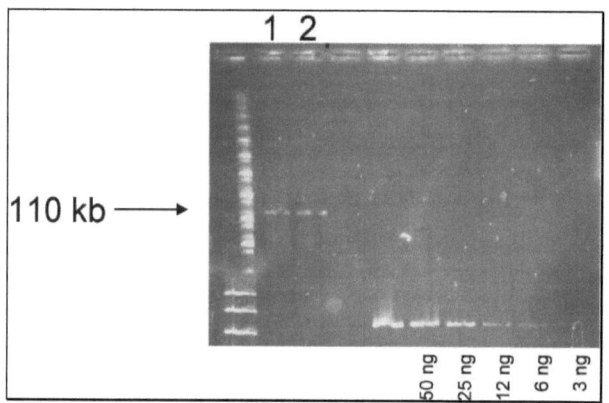

Abbildung 13: Identifikation der Konzentration und Reinheit der zu injizierenden linearisierten BACs durch Pulsfeld Gelelektrophorese

Die 110 kb Fragmente der BACs (**1**: CD11cCreIrespDsRedExpress vgl. Abschnitt 3.1.1.3) (**2**: CD11cfloxSTOPPDipA) zeigen in der PFGE eine saubere Bande von 110 kb. Die Konzentration wurde anhand des Konzentrations-Standards bestimmt und für die Mikroinjektion eingestellt.

3.1.1.2. Charakterisierung der transgenen CD11c-DipA BAC-Mäuse

Die Mikroinjektion des CD11c-DipA BACs ergab nach der „screening" PCR der Nachkommen eine positive Bande für eine Gründerlinie („founder"-Linie). Nach mehrmaliger Verpaarung und Analyse der Nachkommen zeigte sich jedoch, dass dieser das Transgen nicht an die Nachkommen

Ergebnisse

weitergegeben hat. Dies wurde mehrmals durch PCR-Analysen auf DipA (vgl. Abbildung 14) und die STOPP-Kassette verifiziert.

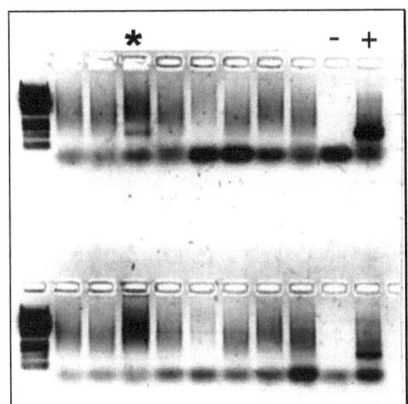

Abbildung 14: PCR-Analyse des MIVK „founders" des CD11c-DipA BACs und dessen Nachkommen
Bis auf das mit * gekennzeichnetes „founder" Tier sind dessen Nachkommen alle negativ für die DipA-PCR auf Schwanzbiopsie DNA.

Theoretisch hätten die CD11c-DipA BAC-transgenen Tiere anschließend mit universellen Cre-Deleter-Mäusen verpaart werden sollen, die die Cre-Rekombinase unter der Kontrolle eines Universalpromotors exprimieren. Dem grundlegenden Prinzip zufolge sollte in den Nachkommen dieser doppelt transgenen Mäuse in allen Zellen die Cre-Rekombinase aktiv sein und nur in den CD11c$^+$ Zellen die STOPP-Kassette entfernen und somit die Expression des DipA nur dort spezifisch induzieren. Zur genaueren Charakterisierung dieser doppelt transgenen Nachkommen, hätten Zellen *ex vivo* und *in vitro* untersucht werden sollen. Milz und Lymphknoten sollten entnommen werden und die Einzel-Zellsuspensionen im Hinblick auf Anzahl und Expression von Oberflächenmolekülen hin verglichen werden.

Ergebnisse

3.1.1.3. Konventionelle CD11c-DipA transgene Maus (MiniCD11cDipA)

Aufgrund der Tatsache, dass durch die bei der Mikroinjektion auftretenden Scherkräfte die Möglichkeit besteht, dass die großen modifizierten BACs brechen und nur unvollständig in das Mausgenom integrieren, wurde als Alternative eine konventionelle Transgene generiert. Dabei wurde der bereits bekannte CD11c Minimalpromtor [53] verwendet, um die Expression der gefloxten STOPP-Kassette und der Diphtheria Toxin A-Untereinheit (wie oben beschrieben) zu steuern. Nach der Klonierung des Expressions-Vektors wurde dieser mit den Restriktionsenzymen KpnI und NotI linearisiert, aufgereinigt und in die Vorkerne von befruchteten Eizellen von Wildtyp-Mäusen (C57BL/6) mikroinjiziert. Acht PCR-positive Nachkommen wurden identifiziert (Abbildung 15).

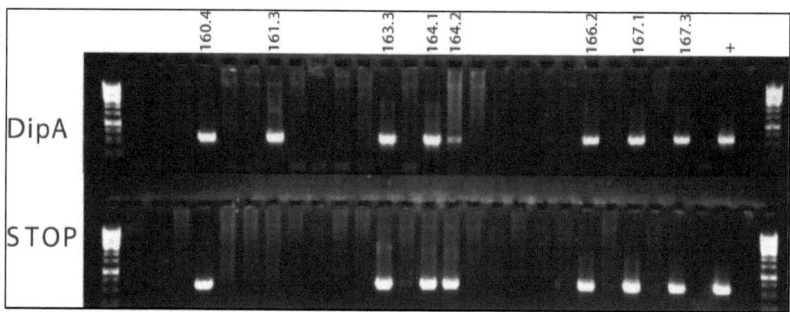

Abbildung 15: PCR-Analyse der Nachkommen der MIVK des MiniCD11c-DipA Konstrukts.
Acht DipA PCR-positive Nachkommen wurden aus der Mikroinjektion des MiniCD11c-DipA Konstrukts identifiziert .Bis auf die Nummer 161.3 zeigen 7 Tiere sowohl für die PCR auf DipA als auch auf die STOPP-Kassette eine positive Bande auf Schwanzbiopsie DNA.

Alle „founder" wurden jeweils mit universellen Cre-Deleter-Mäusen verpaart, um die Expression von DipA in CD11c$^+$ Zellen und den Zelltod eben dieser zu bewirken. Zur Isolierung CD11c$^+$ Zellen *ex vivo* wurden die Milz und periphere Lymphknoten aus potentiell doppelt transgenen Mäusen mit Kollagenase verdaut und mittels FACS-Analyse auf den prozentualen Anteil CD11c positiver Zellen und deren Aktivierung hin analysiert. Dabei stellte sich heraus, dass lediglich bei einer Linie doppelt positive Nachkommen zu verzeichnen waren. Bei dieser Linie war jedoch nur DipA und nie STOPP in der Typisierungs PCR nachzuweisen, was möglicherweise auf ein defektes Konstrukt hindeutet. Vermeintlich doppelt positive Nachkommen aus den floxSTOPPDipAxCre Verpaarungen wurden dennoch *ex vivo* auf veränderte CD11c$^+$ Zellpopulationen hin untersucht. Sowohl *ex vivo* in Lymphknoten und Milz als auch in GMCSF- und Flt3L-Knochenmarkskulturen waren keine Unterschiede im Bezug auf Anzahl und Aktivierung nachzuweisen (Daten nicht gezeigt).

Ergebnisse

3.1.1.4. CD11c CreIRESpDsRedExpress BAC-transgene Maus

Eine weitere Strategie zur Untersuchung Dendritischer Zellen *in vivo* beruht darauf, eine CD11c-Gen-spezifische Expression der Cre-Rekombinase mit gleichzeitiger Expression eines rot fluoreszierenden Proteins in einer transgenen Maus zur Verfügung zu haben. Die Funktionalität der Cre-IRES-pDsRedExpress Rekombinationskassette wurde zunächst getestet, indem sie in einen Expressionsvektor subkloniert und in HEK293 Zellen transfiziert wurde. Anschließend wurde die Expression von DsRedExpress mittels Fluoreszenzmikroskopie nachgewiesen (Abbildung 16).

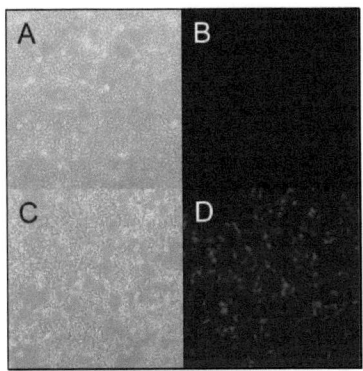

Abbildung 16: Fluoreszenzmikroskopische Aufnahmen von HEK Zellen, transfiziert mit CreIRESpDsRedExpress im Expressionsvektor pcDNA3.1/His A (+)
HEK293 Zellen wurden als Negativkontrolle mit dem leeren Expressionsvektor (A, B) oder mit dem CreIRESpDsRedExpress Konstrukt (C, D) transfiziert (A; C: Durchlicht; B; D: roter Fluoreszenzkanal). Die Aufnahmen entstanden 24 h nach der Transfektion.

Die Funktionalität der Cre-Expression in den transfizierten HEK293 Zellen wurde durch einen „western blot" auf Proteinebene bestätigt (Abbildung 17).

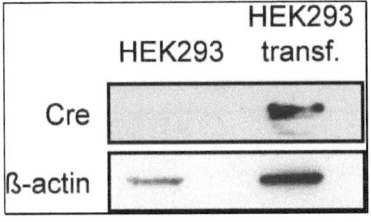

Abbildung 17: Western Blot von HEK293 Zellen
24 h nach der Transfektion mit dem Leervektor oder dem CreIRESpDsRedExpress Konstrukt wurde das Cre-Protein und als interne Kontrolle ß-Aktin in den Lysaten von HEK293 Zellen detektiert.

Ergebnisse

Das Endprodukt der Klonierung, der „shuttle" Vektor mit entsprechender Rekombinationskassette, wurde durch den Verdau mit entsprechenden Restriktionsenzymen und durch die Durchführung von analytischen PCRs überprüft.

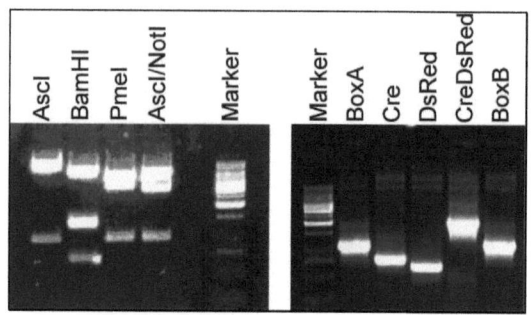

Abbildung 18: Verifizierung des „shuttle" Vektors mit der enthaltenen CreIrespDsRed Reporterkassette durch analytischen Restriktionsverdau

Der Restriktionsverdau des Plasmids mit verschiedenen Enzymen bestätigt das korrekte Bandenmuster gemäß der Klonierungs-Strategie (links). PCRs auf verschiedene Bestandteile des Vektors ergeben Amplifikate der erwarteten Größe (rechts).

Durch eine homologe Rekombination *in vitro* in E. coli wurde das fertige Konstrukt in den BAC eingebracht. Das rekombinierte, die Promotorregion enthaltende, 110 kb große DNA-Fragment wurde aufgereinigt und in Vorkerne von befruchteten C57BL/6 Eizellen injiziert (vgl. Abbildung 13). Acht PCR-positive transgene Nachkommen konnten identifiziert werden. Die Expression von Cre wurde nun wiederum in GMCSF und Flt3L Knochenmarks (KM)-Kulturen untersucht. Dazu wurden die Zellen kultiviert und für eine „western blot"-Analyse präpariert. In keiner der 8 Linien konnte die Produktion des Cre-Proteins nachgewiesen werden (Abbildung 19).

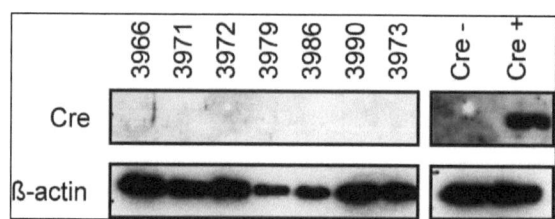

Abbildung 19: Western Blot zum Nachweis des Cre-Proteins in Knochenmarkskulturen von Nachkommen verschiedener „founder" Linien

In der oberen Spur ist der Nachweis von Cre-Protein in Knochenmarkskulturen verschiedener Mäuse (vierstellige Nummern) von jeweils zwei „founder"-Linien dargestellt. Als Kontrolle dienen transfizierte und nicht transfizierte HEK293 Zellen (vgl. oben). Zur Ladekontrolle ist die Expression von ß-Aktin gezeigt. Das Ergebnis ist repräsentativ für alle acht „founder"-Linien.

Ergebnisse

Um die Funktionalität des Konstrukts *in vivo* genauer zu überprüfen, wurde RNA aus den KM-Kulturen isoliert und in cDNA transkribiert. Cre-mRNA konnte durch die spezifische PCR auf cDNA nur in einer „founder"-Linie nachgewiesen werden (#3972 in Abbildung 20).

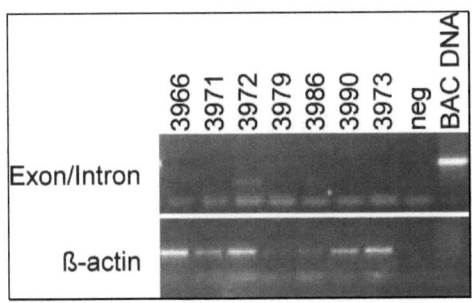

Abbildung 20: PCR auf cDNA von Nachkommen zweier „founder"-Linien
Die PCR auf die cDNA aus Knochenmarkskulturen wurde so gewählt, dass das Amplifikat der cDNA mir integriertem Konstrukt bei 444 bp und für genomische DNA, bei der das Intron noch enthalten ist, bei 1066 bp liegt. Als Ladekontrolle diente die PCR auf die endogene cDNA von ß-Aktin.

Die Expression von DsRedExpress sollte mittels FACS-Analyse nachgewiesen werden. Dabei wurden wiederum GMCSF DCs von transgenen Mäusen generiert und für CD11c als Oberflächenmarker gefärbt. Bei den transgenen Mäusen wurde im Vergleich zu Wildtypen kein erhöhtes Signal im roten Kanal detektiert. Gleiche Ergebnisse wurden bei der Analyse von Milz und Lymphknoten in transgenen Mäusen beobachtet (Daten nicht gezeigt).

3.2. Die Rolle von TARC im murinen Modell der akuten Atemwegsentzündung

Ein weiterer Schwerpunkt dieser Arbeit lag darin, den Subtyp der TARC-exprimierenden Dendritischen Zellen in der allergischen Atemwegsentzündung zu untersuchen. Momentan wird die Rolle von TARC/CCL17 in der allergischen Atemwegsreaktion kontrovers diskutiert. Die bisherigen Ergebnisse basierten auf dem Einsatz von depletierenden Antikörpern [23] oder der Verwendung von CCR4 k/o-Mäusen [25], welche den gemeinsamen Liganden von CCL17 und CCL22 nicht exprimieren. Um die Rolle von TARC-exprimierenden myeloiden DCs im allergischen Asthma besser zu verstehen, dienten in dieser Arbeit TARCeGFP-„knockout" (k/o)-Mäuse [54] auf genetischem BALB/c Hintergrund als Versuchstiere. Bei homozygoten k/o Tieren ist eGFP in den CCL17 Lokus integriert, weswegen diese Tiere nur eGFP in TARC$^+$ Zellen exprimieren, aber kein CCL17, wohingegen die Heterozygoten mit den Wildtypen vergleichbare Mengen CCL17 und zusätzlich eGFP exprimieren.

Ergebnisse

3.2.1. Die Rolle von TARC im Modell der akuten Atemwegsentzündung durch die Sensibilisierung mit OVA-Alum i.p.

Gruppen von wt (wt OVA) und k/o (TARC ko/ko OVA)-Tieren wurden dreimal mit OVA Alum i.p. gemäß Protokoll (vgl. Abbildung 7 A) sensibilisiert und an drei Tagen hintereinander mit OVA Aerosol benebelt, um die akute Atemwegsentzündung zu provozieren. Zur Kontrolle wurden wt (wt PBS) und k/o (TARC ko/ko PBS) Tiere parallel mit PBS immunisiert.

Die Analyse der Tiere erfolgte am Tag 29. Zum Nachweis von OVA-spezifischen Immunglobulinen wurde im Serum von immunisierten und nicht immunisierten Mäusen die Menge von OVA-spezifischem IgE gemessen. Dabei zeigte sich kein signifikanter Unterschied zwischen den immunisierten k/o und wt-Tieren. Bei den nicht immunisierten Kontrollgruppen konnte kein OVA-spezifisches IgE gemessen werden (Abbildung 21 links).

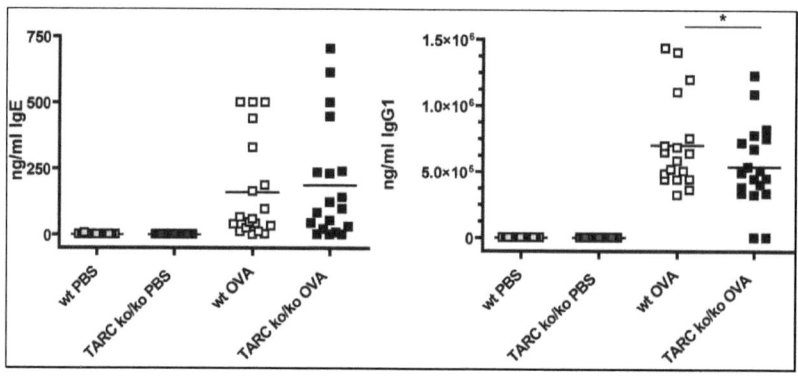

Abbildung 21: OVA-spezifischer Ig Isotypen ELISA
OVA-spezifisches IgE (links) und IgG1 (rechts) im Serum von immunisierten und nicht immunisierten TARC k/o und wt-Tieren ist dargestellt. n=9-24 aus 5 unabhängigen Experimenten; *=P<0,05

OVA-spezifisches IgG1 konnte in den PBS-behandelten Kontrollgruppen ebenfalls nicht nachgewiesen werden. Hingegen zeigte sich, dass das OVA-spezifische IgG1 in den k/o-Tieren signifikant niedriger war als in den wt-Tieren (Abbildung 21 rechts).

Um die zelluläre Infiltration der Lunge zu analysieren, wurde zunächst die Gesamtzahl der Leukozyten in der Bronchoalveolären Lavage (BAL) bestimmt. Dabei stellte sich heraus, dass die Zahl der Leukozyten in den k/o-Tieren im Vergleich zu den wt-Tieren signifikant erhöht war (Abbildung 22).

Ergebnisse

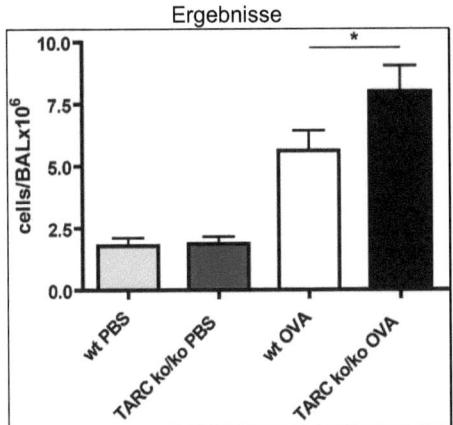

Abbildung 22: Gesamtzellzahl von Leukozyten in der BAL
Die Gesamtzahl von Leukozyten in der BAL mit n=8 mit Mittelwerten und Standardabweichung aus einem von mindestens 3 unabhängigen Experimenten ist dargestellt. *=P<0,05.

Darüber hinaus erfolgte die genauere Differenzierung der Zusammensetzung der Zellen in der BAL (Abbildung 23). Dazu wurde ein Teil der Zellen aus der BAL zur Generierung von Zytospins verwendet, die nach der Färbung mit May-Grunwald-Giemsa unter dem Mikroskop nach morphologischen Gesichtspunkten differenziert wurden. Eosinophile, Lymphozyten und Makrophagen zeigten keine signifikanten Unterschiede zwischen Wildtypen und k/o-Mäusen.

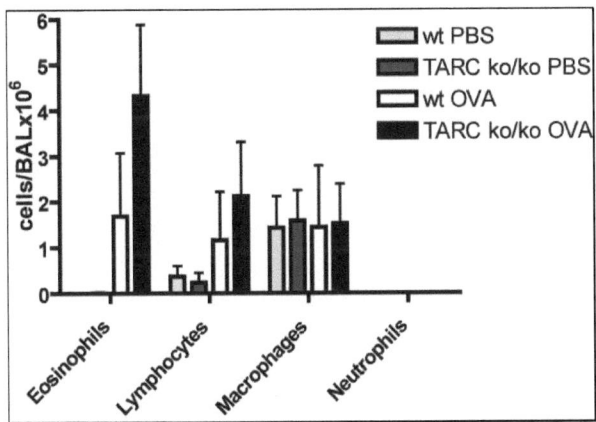

Abbildung 23: Zusammensetzung der Zellen in der BAL
Zellen der BAL wurden zytozentrifugiert und anhand morphologischer Gesichtspunkte nach May-Grunwald-Giemsa-Färbung differenziert. Dargestellt sind repräsentativ n=8 mit SD aus einem von mindestens 3 unabhängigen Experimenten.

Ergebnisse

Zur Validierung der Daten und zur Charakterisierung der GFP$^+$ Zellen wurde eine FACS- (Fluorescence activated cell sorting)-Analyse der BAL-Zellen durchgeführt (Abbildung 24). Diese ergab, dass k/o-Tiere circa zwanzig Prozent GFP-positive Zellen im Vergleich zu circa 2 Prozent bei den heterozygoten Tieren aufwiesen. Dabei blieb jedoch die Zahl der CD4$^+$ Zellen insgesamt unverändert. Die gleiche Analyse wurde mit Lungenzellen durchgeführt. Hier waren die Unterschiede der GFP-Expression viel geringer und lagen bei ungefähr vier Prozent für die k/o-Tiere und 2,8 Prozent für die heterozygoten Tiere. Auch hier blieb die Zahl der CD4$^+$ Zellen unverändert. Die Untersuchung der mediastinalen Lymphknoten zeigte keine Unterschiede.

Ergebnisse

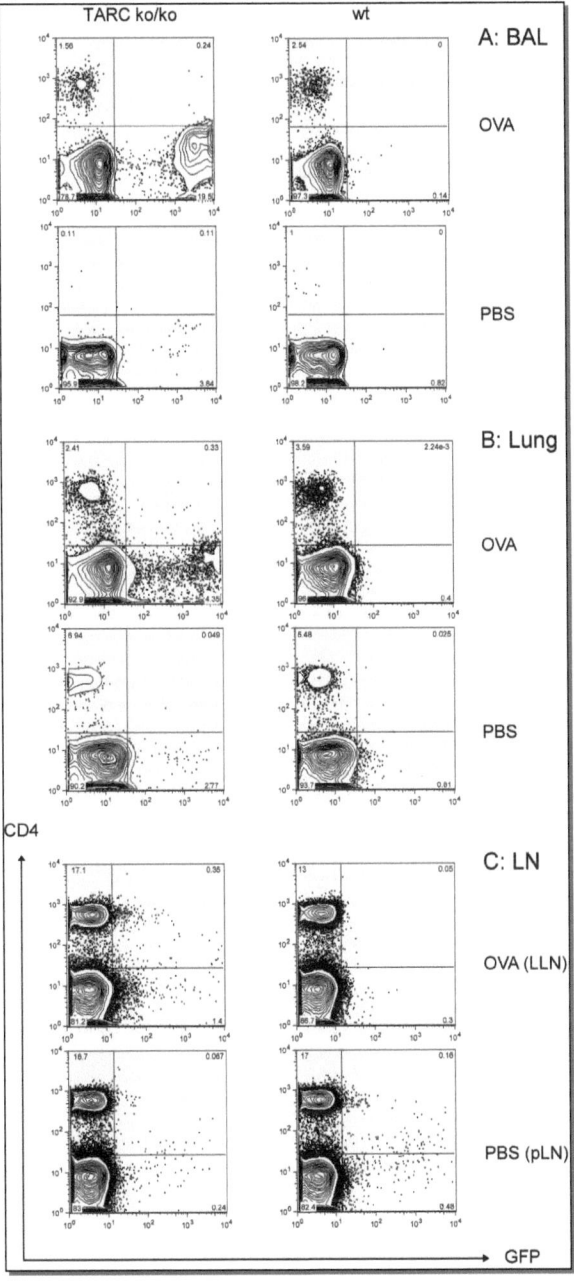

Abbildung 24: FACS-Analyse der Zellen in BAL (A) Lunge (B) und Lymphknoten (C)

CD4-Expression gegen GFP-Expression in Einzellzellsuspensionen aus BAL (A) Lunge (B) und Lymphknoten (C) von TARC ko/ko- und wt-Tieren, die mit OVA oder PBS behandelt wurden ist dargestellt. LLN= mediastinale Lymphknoten, PLN = periphere Lymphknoten.

Ergebnisse

Die HE und PAS-Färbungen von histologischen Lungenschnitten, wodurch einerseits der Zell-Influx und andererseits die Schleimproduktion durch Becherzellen detektiert werden kann, zeigten ebenfalls keine qualitativen und quantitativen Unterschiede zwischen den Gruppen der Homozygoten und den Wildtypen.

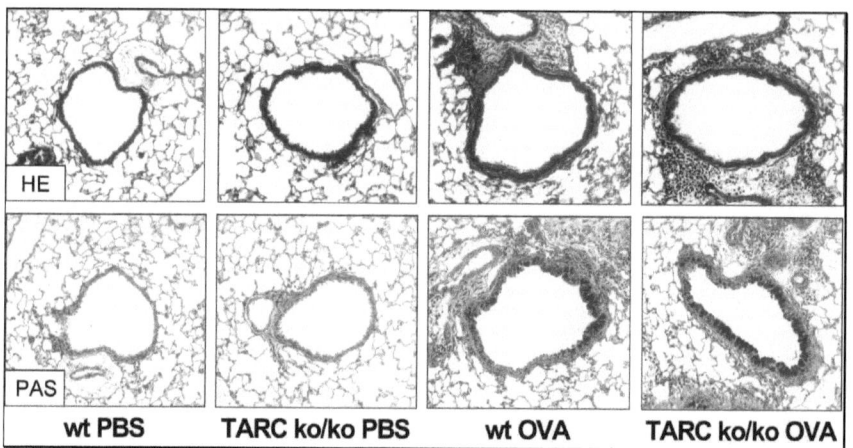

Abbildung 25: Histologie der Lunge

Dargestellt sind die repräsentativen histologischen Lungenschnitte von OVA sowie PBS behandelten wt und k/o-Tieren. Die HE (Hämatoxylin-Eosin) und PAS (Periodic acid-Schiff)-Färbung zeigen jeweils die Infiltration von inflammatorischen und Schleim-produzierenden Zellen in das peribronchiale und perivaskuläre Gewebe.

Die Messung der Atemwegs-Hyperreagibilität erfolgte mit Hilfe der „Head-out-body-Plethysmographie" in Kollaboration mit der Gruppe von Prof. Harald Renz in Marburg. Nach der bronchialen Provokation der Mäuse mit Metacholin ergab sich in der Lungenfunktion kein signifikanter Unterschied zwischen den OVA behandelten wt- und k/o-Tieren (Abbildung 26).

Ergebnisse

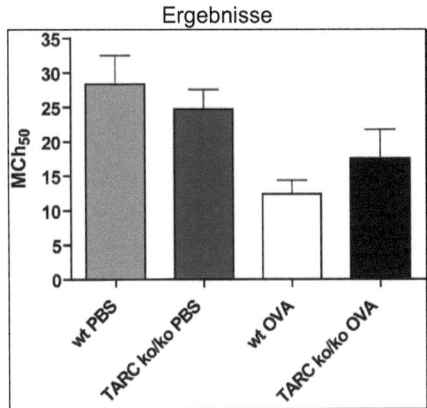

Abbildung 26: Messung der Lungenfunktion
Die Lungenfunktion wurde nach der Gabe von Metacholin mittels „Head-out-body Plethysmographie" 24 Stunden nach der letzten Provokation bestimmt. Die Balken zeigen die Konzentration von Metacholin die eine Reduktion des expiratorischen Atemflusses um 50% bewirkt. n=8. Dargestellt sind Mittelwerte ± Standardabweichung.

3.2.2. Die Rolle von TARC im Modell der akuten Atemwegsentzündung durch die Sensibilisierung mit OVA-Alum s.c.

TARC hat seine Relevanz in Verbindung mit dem Rezeptor CCR4 bei der so genannten Wanderung („homing") von Lymphozyten. TARC wird zudem eine Rolle in der atopischen Dermatitis zugesprochen, da TARC exprimierende DCs auch vermehrt in der Haut vorzufinden sind [54]. Deswegen wurde zur weiteren Untersuchung der Rolle von CCL17 im allergischen Asthma ein alternatives Mausmodell der allergischen Atemwegsentzündung gewählt. In diesem erfolgt die Immunisierung subkutan direkt mittels OVA, das ohne Alum als Adjuvans injiziert wird (vgl. Abbildung 7 B) [55]. Um den Einfluss von TARC in diesem subkutanen Modell zu untersuchen, wurden wiederum Gruppen von wt und TARC ko/ko-Tieren entweder mit OVA oder als Kontrolle mit PBS an den Tagen 0, 7 und 14 immunisiert und an den Tagen 26-28 mit OVA-Aerosol behandelt. Die Analyse erfolgte 24 Stunden nach der letzten Provokation. Die Messung von OVA-spezifischem IgE zeigte keinen signifikanten Unterschied zwischen der immunisierten TARC ko/ko- und der wt-Gruppe. Hingegen war der Unterschied von OVA-spezifischem IgG1 bei den ko/ko-Tieren im Vergleich zur wt-Gruppe signifikant geringer (Abbildung 27).

Ergebnisse

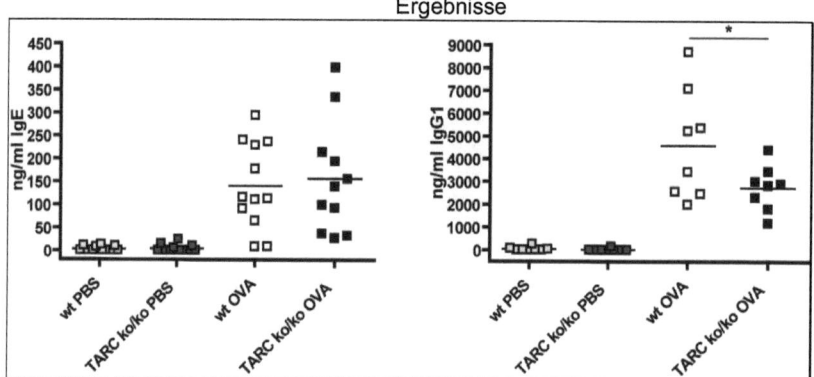

Abbildung 27: OVA-spezifischer Ig Isotypen ELISA

OVA-spezifisches IgE (links) und IgG1 (rechts) im Serum von immunisierten und nicht immunisierten TARC k/o und wt-Tieren ist dargestellt. n=12 aus 3 unabhängigen Experimenten; *=P<0,05

Ebenso ist die Gesamtzellzahl der Leukozyten in der Bronchoalveolären Lavage in den OVA-behandelten ko/ko-Tieren im Vergleich zur wt-Gruppe statistisch signifikant verringert (Abbildung 28), was generell für eine geringere Infiltration der Lunge spricht.

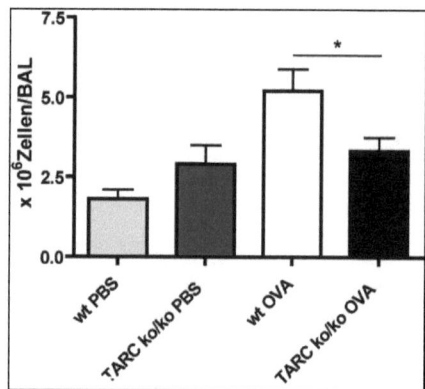

Abbildung 28: Gesamtzellzahl von Leukozyten in de BAL

Dargestellt sind repräsentativ n=8 mit Mittelwerten und Standardabweichung aus einem von mindestens 3 unabhängigen Experimenten. *=P<0,05.

Die Differentialanalyse der Zellen der BAL mittels Mikroskopie der May-Grunwald-Giemsa-Färbung von Zytospins zeigt, dass die Eosinophilie in der Gruppe der TARC ko/ko-Tiere signifikant niedriger ist, als in der der Kontrollgruppe (Abbildung 29). Lymphozyten, Makrophagen und Neutrophile zeigen jedoch keine signifikanten Unterschiede auf.

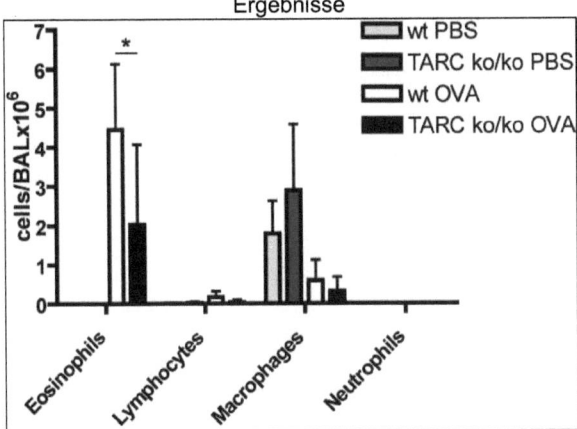

Abbildung 29: Zusammensetzung der Zellen in der BAL
Zellen der BAL wurden zytozentrifugiert und anhand morphologischer Gesichtspunkte nach May-Grunwald-Giemsa-Färbung differenziert. Dargestellt sind repräsentativ n=8 mit Standardabweichung aus einem von mindestens 3 unabhängigen Experimenten.

Qualitative und quantitative Validierung der Lungenpathologie zeigt, dass die Infiltrate und Schleim produzierenden Becherzellen in der peribronchialen und perivaskulären Region der TARC ko/ko-Tiere im Vergleich zu den wt-Tieren signifikant verringert sind (Abbildung 30).

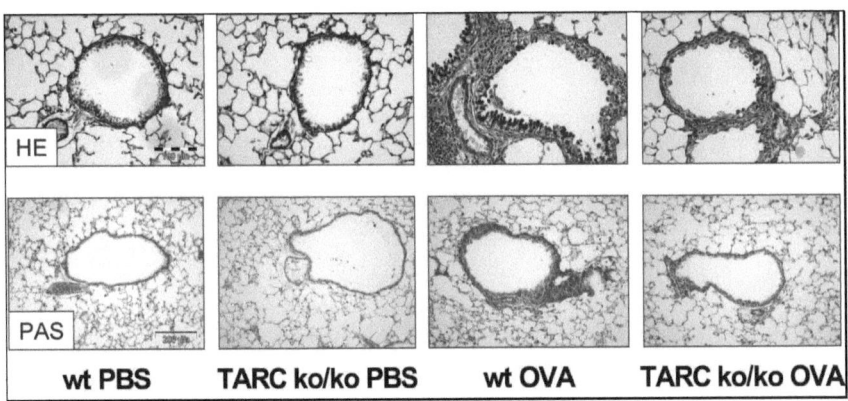

Abbildung 30: Histologie der Lunge
Dargestellt sind repräsentative histologische Lungenschnitte von OVA sowie PBS behandelten wt und k/o-Tieren. Die HE (Hämatoxylin-Eosin) und PAS (Periodic acid-Schiff)-Färbung zeigen jeweils die Infiltration von inflammatorischen und Schleim-produzierenden Zellen in das peribronchiale und perivaskuläre Gewebe.

Die Messung der Atemwegs-Hyperreagibilität erfolgte wiederum mit Hilfe der „Head-out-body-Plethysmographie" in Kollaboration mit Marburg. Nach der bronchialen Provokation der Mäuse mit

Ergebnisse

Metacholin ergab sich auch bei der subkutanen Immunisierungsmethode kein signifikanter Unterschied bei der Lungenfunktion zwischen den OVA-behandelten wt- und k/o-Tieren (Abbildung 31).

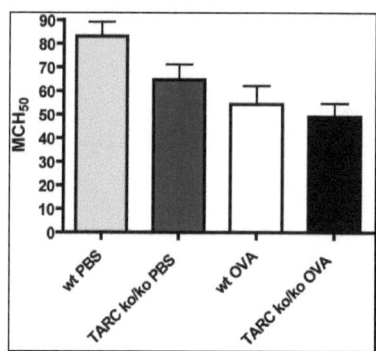

Abbildung 31: Messung der Lungenfunktion

Die Lungenfunktion nach Metacholingabe wurde mittels „Head-out-body Plethysmographie" 24 Stunden nach der letzten Provokation bestimmt. Die Balken zeigen die die Konzentration von Metacholin, die eine Reduktion des expiratorischen Atemflusses um 50% bewirkt. n=8. Dargestellt sind Mittelwerte ± Standardabweichung.

Ergebnisse

3.3. Die Rolle von regulatorischen T-Zellen im murinen Modell der akuten Atemwegsentzündung

Ein weiterer Schwerpunkt der Arbeit lag in der Untersuchung der Rolle von regulatorischen T-Zellen zu unterschiedlichen Zeitpunkten der allergischen Atemwegsentzündung. Die Untersuchung von regulatorischen T-Zellen erfolgte in der Literatur bisher entweder nur durch *in vitro* Experimente oder es wurden neutralisierende αCD25-Antikörper verwendet, um regulatorische T-Zellen zu depletieren. Der Einsatz von αCD25-Antikörper stellt jedoch kein adäquates Mittel zur spezifischen Treg-Depletion dar, da CD25 auch auf aktivierten T-Zellen exprimiert wird, welche von der Depletion ebenso betroffen sein können. Mit Hilfe der BAC-transgenen „Depletion of Regulatory T Cells" (DEREG) Maus [56], die unter der Kontrolle des Foxp3-Promotors ein DTR (Diphtheria toxin receptor) eGFP-Fusionsprotein exprimiert, ist es nun zum ersten mal möglich, durch die Gabe von Diphtheria Toxin (DT) die regulatorischen T-Zellen zu unterschiedlichen Zeitpunkten direkt *in vivo* zu depletieren.

3.3.1. Die Depletion von regulatorischen T-Zellen während der Sensibilisierung des Modells der allergischen Atemwegsentzündung

Zunächst wurde die Aufgabe von regulatorischen T-Zellen in einem akuten Modell der allergischen Atemwegsentzündung näher untersucht. Dafür wurden die Mäuse mit OVA-Alum intraperitoneal immunisiert (vgl. Abbildung 32) und die T_{Reg} an zwei aufeinander folgenden Tagen jeweils nach der Sensibilisierung mit DT intraperitoneal injiziert.

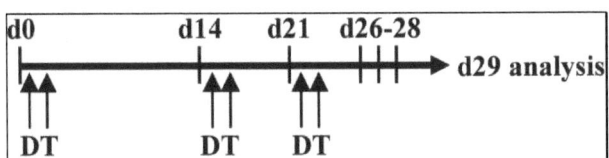

Abbildung 32: Protokoll für die Depletion von regulatorischen T-Zellen während der Sensibilisierung in der akuten Atemwegsentzündung

Die Immunisierung der Mäuse erfolgt an den Tagen 0, 14 und 21 mit OVA-Alum i.p.. Durch die Benebelung mit OVA Aerosol an den Tagen 26-28 erfolgt die Provokation der Immunantwort in der Lunge, woraufhin die Mäuse an Tag 29 analysiert werden. Die Depletion der regulatorischen T-Zellen erfolgt durch die systemische Injektion (i.p.) des Diphtherie Toxins an zwei aufeinander folgenden Tagen nach der Sensibilisierung.

Welchen Effekt das Fehlen von regulatorischen T-Zellen während der Phase der Sensibilisierung auf die Asthmapathologie der Mäuse hat, wurde nun anhand verschiedener Parameter untersucht. Zunächst wurde die Depletions-Effizienz der GFP$^+$ T_{Reg} durch die Gabe von DT in peripheren Blutzellen der Mäuse durch eine FACS-Analyse bestätigt. Die FACS-Analyse erfolgte einen Tag

Ergebnisse

nach der Depletion während der ersten Sensibilisierung, wobei keine CD4⁺GFP⁺ Zellen mehr im Blut nachgewiesen werden konnten (Abbildung 33).

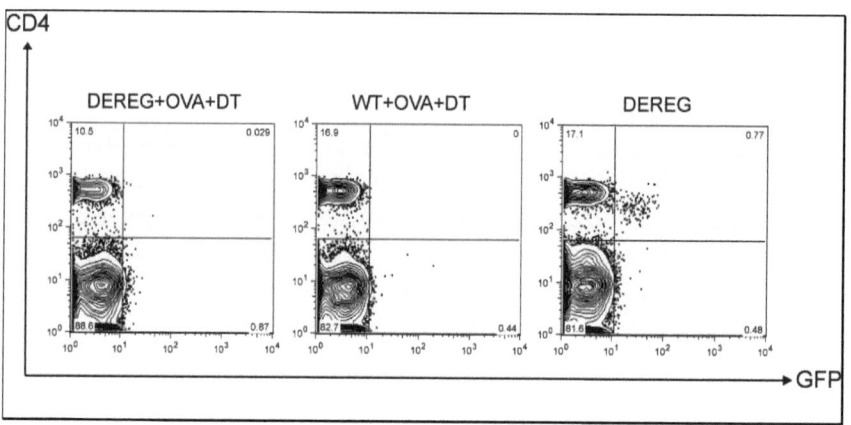

Abbildung 33: FACS-Analyse von Blutzellen

24 Stunden nach der DT-Injektion wurden die Zellen im Blut von wt- und DEREG-Mäusen auf die Expression von GFP in CD4⁺ Zellen hin untersucht. GFP⁺ T_{Reg} sind in der Gruppe der DEREG-Tiere durch das DT im Vergleich zur unbehandelten DEREG-Gruppe (0,77%) nur kaum noch nachweisbar.

Nach der Provokation der Mäuse mit OVA-Aerosol an den Tagen 26 bis 28 erfolgte die Analyse der Tiere an Tag 29. Im ELISA wurden OVA-spezifische Immunglobulin Isotypen detektiert. Die Messung von OVA-spezifischem IgE im Serum der immunisierten Mäuse ergab signifikant höhere Mengen bei der Gruppe ohne regulatorische T-Zellen im Vergleich zu den wt-Mäusen. Die gemessene Menge an OVA-spezifischem IgG1 war im Vergleich zu den immunisierten wt-Mäusen signifikant verringert (Abbildung 34).

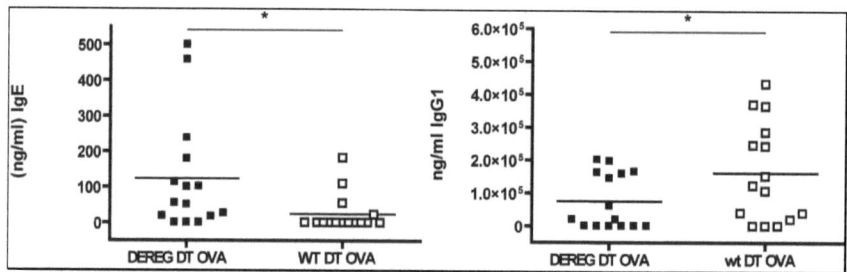

Abbildung 34: OVA-spezifischer Ig Isotypen ELISA

OVA-spezifisches IgE (links) und IgG1 (rechts) im Serum von DT behandelten DEREG-und wt-Tieren ist dargestellt. n=15 aus 3 unabhängigen Experimenten; *=P<0,05.

Ergebnisse

In einem Folgeexperiment wurde die Gesamtzellzahl der Lungeninfiltration durch die Analyse der BAL-Zellen bestimmt. Die Gesamtzellzahl in der Gruppe der depletierten DEREG-Tiere im Vergleich zu der wt-Gruppe war beinahe um das Fünffache erhöht (Abbildung 35).

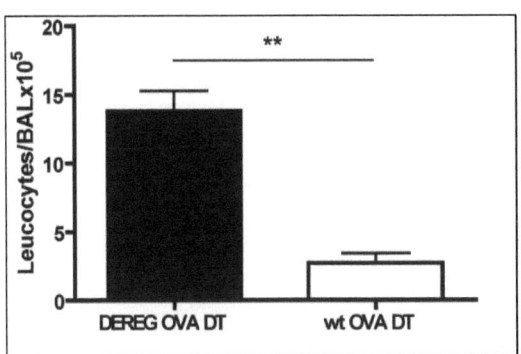

Abbildung 35: Gesamtzellzahl der Leukozytenpopulation in der BAL
Dargestellt sind repräsentativ n=8 mit Mittelwerten und Standardabweichung aus einem von mindestens 3 unabhängigen Experimenten. **=P<0,001.

Die genauere Differenzierung der Zusammensetzung der Zellen in der BAL erfolgte durch die mikroskopische Untersuchung von May-Grunwald-Giemsa gefärbten Zytospins anhand morphologischer Gesichtspunkte. Die Eosinophilen der depletierten DEREG-Tiere sind im Vergleich zu den DT-behandelten wt-Tieren signifikant erhöht (Abbildung 36).

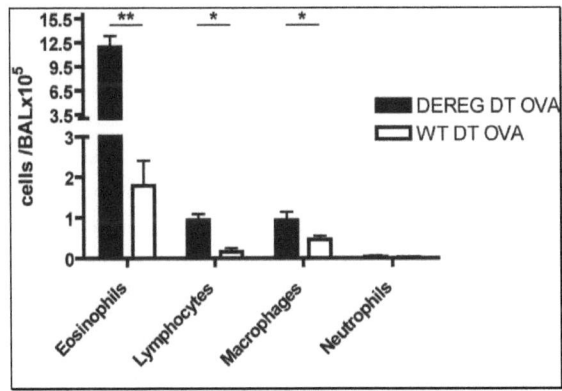

Abbildung 36: Zusammensetzung der Zellen in der BAL
Zellen der BAL wurden zytozentrifugiert und anhand morphologischer Gesichtspunkte nach May-Grunwald-Giemsa-Färbung differenziert. Dargestellt sind repräsentativ n=8 mit SD aus einem von mindestens 3 unabhängigen Experimenten. *=P<0,05,**=P<0,001.

Ergebnisse

Der Grad der Entzündung in den unterschiedlichen Experimentalgruppen wurde außerdem anhand von HE und PAS-Färbungen von histologischen Schnitten des Lungengewebes charakterisiert. DEREG-Tiere, die mit OVA immunisiert und mit DT während der Sensibilisierung injiziert wurden (DEREG OVA DT), zeigen eine massive Infiltration von Entzündungszellen und Schleim produzierenden Becherzellen gegenüber der gleich behandelten wt-Gruppe (Abbildung 37). Die Quantifizierung der Schnitte validiert die repräsentative Histologie (Daten nicht gezeigt). Als naive Kontrollgruppe wurden wt-Mäuse mit PBS und DT behandelt und wiesen in der Histologie weder Inflammation noch Infiltration auf.

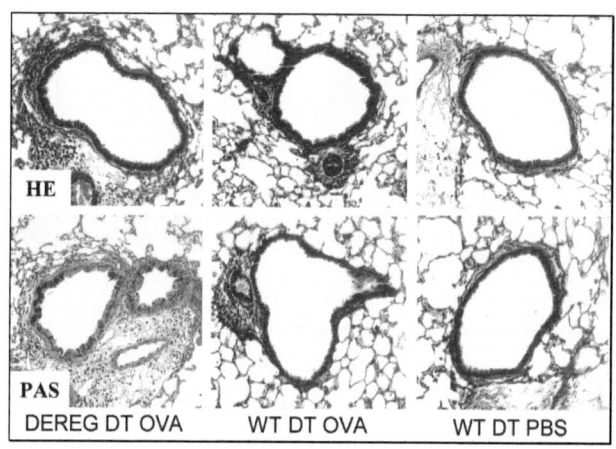

Abbildung 37: Histologie der Lunge
Dargestellt sind die repräsentativen histologischen Lungenschnitte von OVA- sowie PBS-behandelten DEREG-und wt-Tieren. Alle Gruppen wurden mit DT behandelt. Die HE (Hämatoxylin-Eosin) und PAS (Periodic acid-Schiff)-Färbungen zeigen jeweils die Infiltration von inflammatorischen und Schleim-produzierenden Zellen in das peribronchiale und perivaskuläre Gewebe.

Bei genauerer Analyse der histologischen Schnitte bestätigt sich ebenfalls der inflammatorische Phänotyp bei den depletierten Tieren in Bezug auf die Dicke des Atemwegs-Epithels, den Anteil an Epithelgewebe, das mit Becherzellen übersät ist, der Menge an produziertem Schleim pro Fläche Epithel Basalmembran sowie produziertem Schleim pro Fläche Becherzellen Basalmembran (Daten nicht gezeigt). Da jedoch bis heute nicht genau geklärt ist, in welchem mechanistischen Zusammenhang die Inflammation des Lungenepithels mit der tatsächlichen Lungenfunkion steht, wurde zur Messung eben dieser eine invasive Methode gewählt. Mit Hilfe der so genannten Flexivent-Methode wurde die Bronchokonstriktion gegen steigende Konzentrationen von vernebeltem Metacholin induziert und die dynamische Resistenz eine Minute nach der Metacholin-Exposition durch ein standardisiertes Inhalations-Manöver aufgezeichnet.

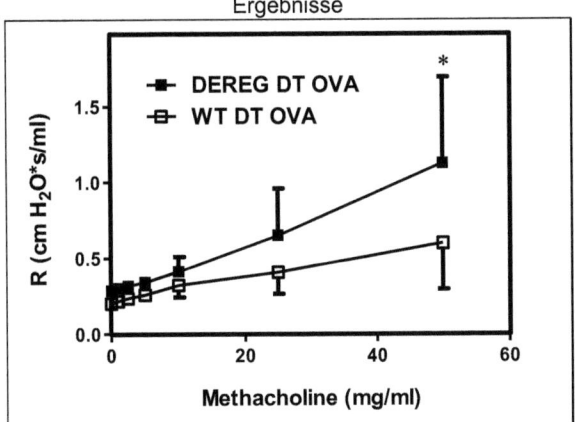

Abbildung 38: Flexivent Messung der Lungenfunktion
Die Messung der Lungenfunktion erfolgte mittels der Flexivent Methode. Dargestellt ist die Bronchokonstriktion bei depletierten DEREG- und wt-Tieren in Form von dynamischer Resistenz gegen steigende Konzentrationen von vernebeltem Metacholin. Dargestellt sind n=8 mit SD aus einem Experiment. *=P<0,05

Die Messung der Lungenfunktion zeigt bei einer Konzentration von 50 mg/ml, dass die Atemwegsresistenz der Gruppe der depletierten DEREG-Tiere im Vergleich zur wt-Gruppe signifikant erhöht ist (Abbildung 38). Nach der Aufreinigung von Zellen aus pulmonaren Lymphknoten immunisierter sowie nicht immunisierter Mäuse wurde die Fähigkeit zur Proliferation in einer *in vitro* Situation bestimmt. Dazu wurde im so genannten „bulk assay" die OVA-spezifische Proliferation untersucht. Diese steigt gemäß der OVA-Menge und zeigt insgesamt eine deutlich erhöhte Proliferation bei der Gruppe der depletierten DEREG-Tiere. Die Messung der Zytokine im Überstand ergab eine starke Erhöhung von IL-4 und IL-13 sowie eine leichte Erhöhung von IFN-γ in bei den Mäusen ohne regulatorische T-Zellen im Vergleich zu der Kontrollgruppe (Abbildung 39).

Ergebnisse

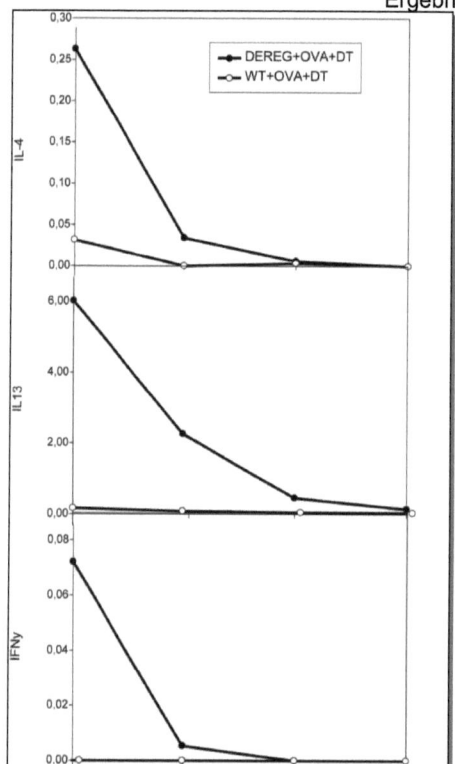

Abbildung 39: ELISA-Bestimmung der Zytokine im Überstand der in vitro Restimulation

IL-4, IL-13 und IFNγ wurden mittels ELISA in den Überständen des mit unterschiedlichen Konzentrationen OVA *in vitro* restimulierten Proliferationsassays gemessen. Dargestellt sind die Mittelwerte von n=6 repräsentativ für 3 unabhängige Experimente.

3.3.2. Die Depletion von regulatorischen T-Zellen während der Provokation des Modells der allergischen Atemwegsentzündung

Die nächste Fragestellung beschäftigte sich mit der Rolle von regulatorischen T-Zellen während der Phase der Provokation in einem akuten Asthma-Modell. Dazu wurde DT an den Tagen der Behandlung der Mäuse mit OVA-Aerosol injiziert und somit die Regulatoren zum Zeitpunkt der Provokation spezifisch depletiert.

Ergebnisse

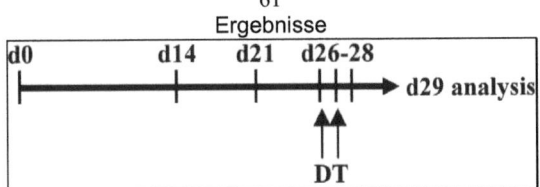

Abbildung 40: Protokoll für die Depletion von regulatorischen T-Zellen während der Provokation in der akuten Atemwegsentzündung.
Die Immunisierung der Mäuse erfolgt an den Tagen 0, 14 und 21 mit OVA-Alum i.p.. Durch die Benebelung mit OVA-Aerosol an den Tagen 26-28 erfolgt die Provokation der Immunantwort in der Lunge, woraufhin die Mäuse an Tag 29 analysiert werden. Die Depletion der regulatorischen T-Zellen erfolgt durch die systemische Injektion (i.p.) des Diphtheria Toxins an zwei aufeinander folgenden Tagen nach der Sensibilisierung.

Die Analyse von peripheren Zellen im Blut an Tag 29 diente dazu zu kontrollieren, ob die Depletion mit DT in der Gruppe der DEREG-Tiere erfolgreich war und ob sich Unterschiede in den Zellzahlen nachweisen lassen (Abbildung 41). In der Gruppe der DEREG-Tiere, die mit DT behandelt wurden, waren im peripheren Blut im Vergleich zur DEREG-PBS Kontrollgruppe, keine $CD4^+CD25^+GFP^+$ Zellen mehr nachweisbar.

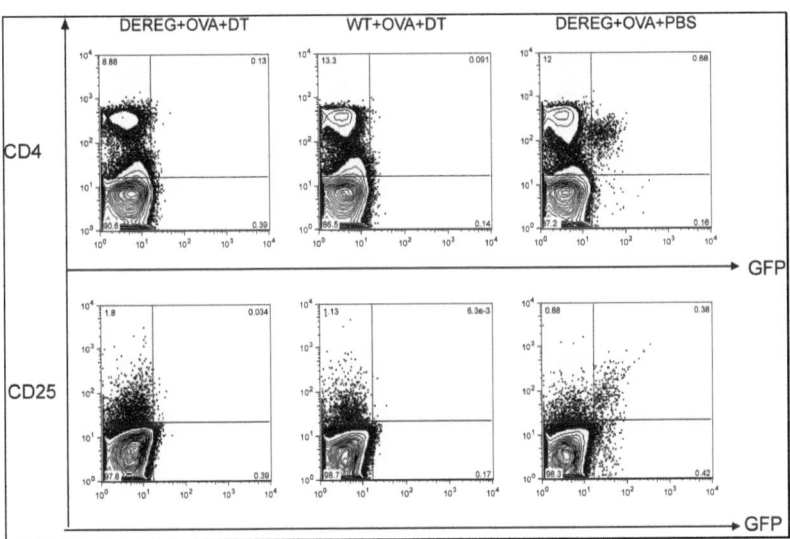

Abbildung 41: FACS-Analyse von Blutzellen
Am Tag der Analyse wurden die Zellen im Blut von wt und DEREG-Mäusen auf die Expression von GFP in $CD4^+$ sowie $CD25^+$ Zellen hin untersucht. $CD4^+GFP^+$ T_{Reg} sind in der Gruppe der DEREG-Tiere durch das DT im Vergleich zur unbehandelten DEREG-Gruppe (0,68%) nur noch zu 0,13% nachweisbar. Dementsprechend liegt die Zahl von CD25+GFP+ Zellen bei DEREG-Tieren, die nicht mit DT behandelt wurden bei 0,38% im Vergleich zu den DT behandelten bei 0,03%.

Die FACS-Analyse der BAL ermöglicht zusätzlich die Kontrolle der Depletionseffizienz von T_{Reg} bei gleichzeitiger Analyse der Gesamtzahl der $CD4^+$ Zellen und damit deren Influx in das Lungen-

Ergebnisse

Lumen. Wie bereits bei der FACS-Analyse der Blutproben, zeigte sich auch in der BAL, dass die Depletion von $CD4^+CD25^+GFP^+$ regulatorischen T-Zellen in der Gruppe der DT behandelten DEREG-Tiere erfolgreich war. Des Weiteren liegt die Gesamtzahl der $CD4^+$, die das Lungen-Lumen infiltrieren bei allen Gruppen ungefähr ähnlich bei rund 6% der Zellen, während die $CD25^+$ Zellen in allen OVA behandelten Gruppen bei circa 3% liegen (Abbildung 42).

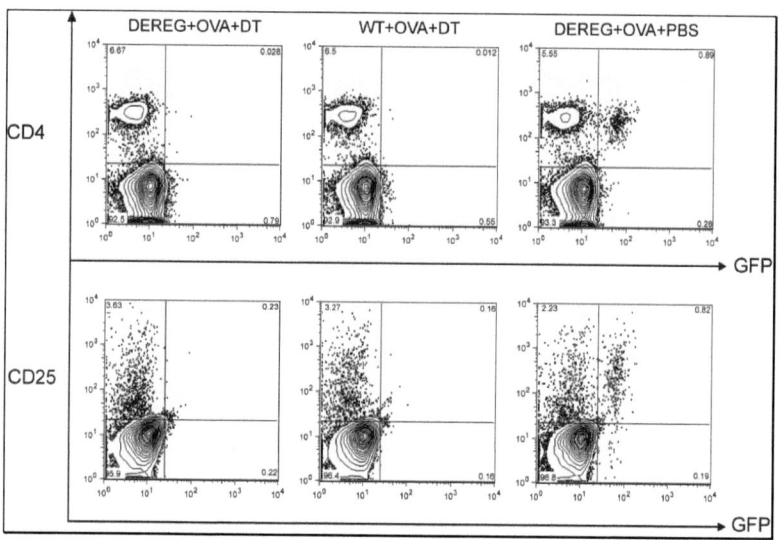

Abbildung 42: FACS-Analyse der Bronchoalveolären Lavage
Am Tag der Analyse wurden die Zellen in der BAL von wt und DEREG-Mäusen auf die Expression von GFP in $CD4^+$ sowie $CD25^+$ Zellen hin untersucht. $CD4^+GFP^+$ T_{Reg} sind in der Gruppe der DEREG-Tiere durch das DT im Vergleich zur unbehandelten DEREG-Gruppe (0,89%) nur noch zu 0,028% nachweisbar. Dem entsprechend liegt die Zahl von CD25+GFP+ Zellen bei DEREG-Tieren, die nicht mit DT behandelt wurden bei 0,82% im Vergleich zu den DT behandelten bei 0,23%.

Des Weiteren erfolgte der Nachweis der OVA-spezifischen Immunantwort der B-Zellen auf die Immunisierung. Im Serum wurde die Menge an OVA-spezifischen Ig mittels ELISA bestimmt. Es konnte gezeigt werden, dass IgE in der Gruppe der Tiere ohne T_{Reg} im Vergleich zur wt-Kontrollgruppe signifikant erhöht ist. Im Test konnten keine nennenswerten Unterschiede zwischen den beiden Gruppen in Hinsicht auf IgG1 nachgewiesen werden (Abbildung 43).

Ergebnisse

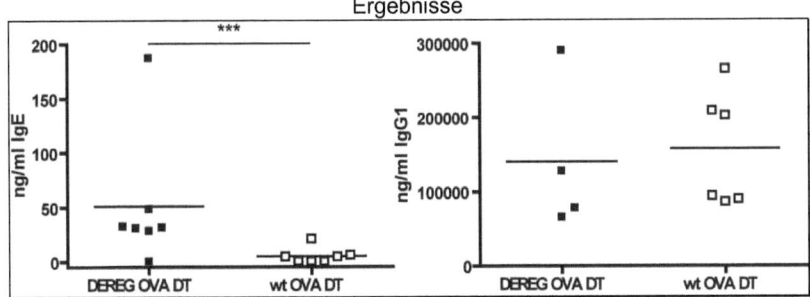

Abbildung 43: OVA-spezifischer Ig Isotypen ELISA

OVA-spezifisches IgE (links) und IgG1 (rechts) im Serum von DT behandelten DEREG-und wt-Tieren ist dargestellt. n=7 bzw. n=4 aus 3 unabhängigen Experimenten; ***=P<0,0005.

Die Gesamtzellzahlen in der BAL waren bei allen OVA behandelten Gruppen vergleichbar, was bedeutet, dass das Fehlen von T_{Reg} während der Phase der Provokation die Gesamtzellzahl in der Lungenlavage nicht beeinflusst hat. Ebenso wenig zeigt sich ein Unterschied bei der Differenzierung der Zellen in der BAL (Daten nicht gezeigt). Histologische Untersuchungen zeigen, dass sowohl die Menge an Zellinfiltrat, als auch die Zahl an Schleim-produzierenden Becherzellen im Lungenquerschnitt keine signifikanten Unterschiede zwischen der Gruppe der DEREG-Tiere, die mit DT behandelt wurden und der Kontrollgruppe zeigen (Abbildung 44).

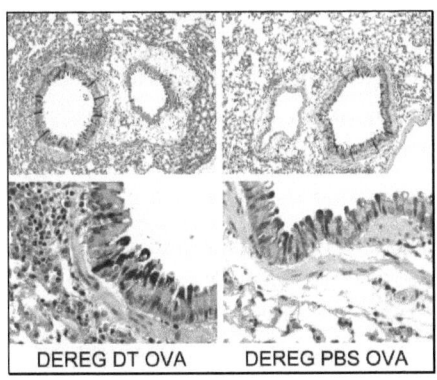

Abbildung 44: Histologie der Lunge

Dargestellt sind die repräsentativen histologischen Lungenschnitte von OVA behandelten DEREG-Tieren. Eine Gruppe wurde mit DT behandelt (links), die Kontrolle nur mit PBS injiziert und somit nicht depletiert (rechts). Die PAS (Periodic acid-Schiff)-Färbungen zeigen jeweils die Schleim produzierenden Becherzellen im Lungengewebe. Die untere Reihe zeigt in Vergrößerung einen Ausschnitt der oberen Reihe.

Eine Messung der Lungenfunktion wurde bei diesen Experimenten nicht durchgeführt.

4. DISKUSSION

4.1. Verschiedene Möglichkeiten der Generierung transgener Mäuse

4.1.1. BAC-transgene Mausmodelle

Die Generierung transgener Mausmodelle kann mit Hilfe einer Vielzahl verschiedener Methoden bewerkstelligt werden, wovon je nach Fragestellung Vor- und Nachteile abzuwägen sind. Die Fragestellung in diesem Fall lag darin, Dendritische Zellen im Mausmodell zu modifizieren. Zunächst wurde zur Generierung von transgenen Mäusen die BAC-Technologie gewählt. Die Vorteile dieser Methode sind zum einen, dass ein noch unbekannter Promotor verwendet werden kann, um eine zelltypspezifische Reporter-Expression zu bewirken. Des Weiteren ist die putative Promotorsequenz kommerziell als BAC erhältlich. Mit Hilfe der BAC-Technologie kann man sich außerdem die Eigenschaft zu Nutze machen, dass BACs sehr groß und meist komplett sequenziert sind, und alle regulatorischen Sequenzen, wie zum Beispiel „enhancer" enthalten. Auch gewährleisten sie eine große Reproduzierbarkeit innerhalb verschiedener transgener Linien durch die Eigenschaft von Isolator-Sequenzen und Lokus-Kontrollregionen. Außerdem kann der BAC nach Belieben über eine Boxen-Strategie *in vitro* in *E. coli* mittels Klonierung und homologer Rekombination in kurzer Zeit modifiziert werden. Der modifizierte BAC wird nach der Linearisierung in die Vorkerne von befruchteten Eizellen injiziert und integriert zufällig ins Mausgenom als so genanntes „Pseudo-knock-in". Daher vereint diese Technologie die Vorteile der konventionellen Herstellung transgener Mäuse, bei der der Promotor jedoch bekannt sein muss, und die des „knock-in"-Verfahrens, bei der die Modifikation des Zielgens direkt erfolgt, aber sehr langwierig in der Generierung ist, da über den Zwischenschritt embryonaler Stammzellen gegangen werden muss (zusammengefasst in [40]).

4.1.2. CD11c-DIPA BAC-transgenes und konventionelles Mausmodell

Um die spezifische Depletion konventioneller Dendritischer Zellen mit Hilfe eines BAC-transgenen Mausmodells zu erreichen, wurde der CD11c BAC zur Modifikation ausgewählt. Als Reporterkonstrukt wurde eine Kassette, bestehend aus loxP-STOPP-LoxP-DipA kloniert und der CD11c BAC damit modifiziert, so dass in der transgenen Maus dieser Reporter unter der Kontrolle des CD11c Promotors in CD11c$^+$ Zellen exprimiert wird. In Abbildung 11 konnten erfolgreich rekombinierte BAC-Klone in *E. coli* identifiziert werden, die nach der Linearisierung (Abbildung 13) über eine Pulsfeld Gelelektrophorese aufgereinigt und in die Vorkerne befruchteter Eizellen injiziert wurden. Im Folgenden konnte ein positiver „founder" identifiziert werden. Nach vielfachen Zuchtversuchen gelang es jedoch nicht, positive Nachkommen zu erhalten. Das Transgen wurde also nicht an die nachfolgende Generation weitergegeben. Auch kann die Funktion des Transgens

Diskussion

dadurch beeinträchtigt werden, dass das 110 kb große BAC Fragment während der Mikroinjektion bedingt durch Scherkräfte brechen könnte. Das wiederum hätte je nach Schwere der Fragmentierung fatale Folgen im Hinblick auf die Notwendigkeit von regulatorischen Elementen und Promotorsequenzen in 5' und 3' Richtung des Transgens.

Als Alternative wurde eine konventionelle transgene Maus generiert, bei der das Reporterkonstrukt unter den bereits identifizierten Minimalpromotor des CD11c-Gens kloniert wurde [53]. Diesmal konnten 8 „founder"-Linien identifiziert werden, von denen 7 in die engere Auswahl zur weiteren Untersuchung kamen (Abbildung 15). Auch hier wurde zunächst eine jeweilige Verpaarung mit universellen Cre-Deleter-Mäusen durchgeführt. Dem Cre-Lox-Mechanismus [57] zufolge wird durch die Kreuzung dieser BAC-transgenen Linie die STOPP-Kassette entfernt und die toxische A-Untereinheit des Diphtheria Toxins unter der Kontrolle des CD11c-Promotors exprimiert. Die Ergebnisse zeigen, dass die Gesamtzahl der CD11c$^+$ Zellen in den doppelt transgenen Mäusen weder *in vivo* in Milz und Lymphknoten noch in *in vitro* Kulturen von Knochenmarkszellen verändert ist. Möglicherweise ist der Mangel an depletierten CD11c$^+$ Zellen auf einen Gen-Dosis-Effekt zurückzuführen. Eventuell ist die Verwendung der universellen Cre Deleter Maus (I. Förster, nicht publiziert) zur Verpaarung ungeeignet, da es aus unbekannten Gründen nicht möglich ist, diese Mauslinie homozygot zu züchten. Um dies als Ursache auszuschließen, wurden die konventionellen CD11c-DipA transgenen Mäuse mit einer Linie verpaart, die Cre unter der Kontrolle des CD11c-Promotors exprimieren (CD11c-Cre [58]). Die Analyse der Nachkommen war jedoch bis zur Fertigstellung dieser Arbeit noch nicht abgeschlossen. Damit ließe sich eine ungenügende Cre-Expression in den Zielzellen ausschließen. Auch ist die geringere Ausreifung der DCs nicht allein auf einen Gen-Dosis Effekt zurückzuführen. Möglicherweise ist die Expression der DipA-Untereinheit in den CD11c$^+$ Zellen nicht effizient genug, obwohl bereits gezeigt werden konnte, dass auch in anderen transgenen Tiermodellen die DipA-Untereinheit als toxisches Protein verwendet wurde [59]. Dies ließ sich jedoch aufgrund des Mangels eines spezifischen „western blot"-Antikörpers für die Detektion des Proteins der DipA-Untereinheit nicht nachweisen. Eine fehlerhafte Sequenz des Reporterkonstrukts kann ausgeschlossen werden, da jedes kritische Zwischenprodukt während des Prozesses der Klonierung sequenziert wurde. Die homozygote Zucht der konventionellen CD11cDipA-Mäuse wurde nicht durchgeführt, da durch die zufällige Integration in das Mausgenom die Gefahr besteht, essentielle Gene zu zerstören, was bei homozygoten Tieren zu massiven Problemen führen kann.

Inzwischen wurde eine funktionelle konventionelle transgene Maus publiziert, die unter der Kontrolle der CD11c-Promotors das Cre-Protein und verbunden durch eine IRES-Sequenz zusätzlich GFP exprimiert [58].

4.1.3. CD11c CreIrespDsRedExpress BAC-transgenes Mausmodell

Diskussion

Ein weiteres transgenes Mausmodell auf der Grundlage des CD11c BACs sollte dazu dienen, die spezifische Expression eines rot fluoreszierenden Proteins bei gleichzeitiger Expression des Cre-Proteins in Dendritischen Zellen zu ermöglichen. Deswegen wurde der CD11c BAC in diesem Fall mit dem Reporterkonstrukt Cre-IRES-pDsRedExpress modifiziert. Das rot fluoreszierende Protein DsRedExpress ist eine modifizierte Variante von DsRed, bei der die Photostabilität und die Reifungsgeschwindigkeit verbessert wurde [60]. Das Cre-Protein dient als Rekombinase in Verbindung mit loxP-Stellen [61], um dazwischen liegende DNA-Stücke zu entfernen. So würde sich diese transgene Mauslinie zum Beispiel auch für die Verpaarung mit oben genannten Mauslinien eignen, um zusätzlich zur Depletion der CD11c$^+$ Zellen durch DipA ein rotes Fluoreszenzsignal einzubringen, um die entsprechenden Zellen leichter verfolgen zu können.

Durch die Insertion der IRES-Sequenz soll die Translation der beiden Proteine Cre und pDsRedExpress von einer mRNA unabhängig voneinander und in gleichem Maßstab gewährleistet werden [62]. Nach der Klonierung des Konstruktes wurde die Expression von Cre und pDsRedExpress durch das Klonieren in einen Expressionsvektor und dessen Transfektion in HEK Zellen überprüft. Dabei zeigte sich, dass sich sowohl das rot fluoreszierende Protein im Fluoreszenzmikroskop, als auch das Cre-Protein im „western blot" nachweisen ließen (vgl. Abbildung 16 und Abbildung 17). Nach der Überprüfung der Reporterkassette im „shuttle" Vektor durch verschiedene Restriktionsverdaus wurde der CD11c BAC rekombiniert, linearisiert und in die Vorkerne befruchteter Eizellen injiziert. Bei der Analyse der entstandenen „founder"-Linien stellte sich heraus, dass weder die Expression des Cre-Proteins im „western blot" noch die DsRedExpress-Funktion im FACS nachgewiesen werden konnte (Abbildung 19). Um einer möglichen Ursache der mangelnden Cre-Expression auf den Grund zu gehen, wurde aus KM-Kulturen RNA isoliert und in cDNA transkribiert, um zu überprüfen, ob die ins Genom eingebrachte modifizierte DNA intakt ist und Transkription stattfindet. Doch es konnte nur in einer „founder"-Linie cDNA von Cre nachgewiesen werden. In den Linien, in den keine cDNA nachweisbar war, ist offensichtlich bereits die Transkription nicht erfolgt. Dies kann möglicherweise durch Integration der transgenen BAC DNA in eine Region des Mausgenoms erfolgt sein, die epigenetisch ungünstig für die Genexpression ist. Womöglich ist aber auch der BAC während der Mikroinjektion durch auftretende Scherkräfte fragmentiert worden, oder sind Teilstücke verloren gegangen, die für die vollständige Expression von entscheidender Bedeutung sind. Nur bei einer Linie konnte cDNA des Cre-Proteins nachgewiesen werden. Da jedoch auch bei dieser Linie kein Cre in Knochenmarkskulturen auf Proteinebene im „western blot" nachgewiesen werden konnte, muss die Ursache für mangelnde Translation auf anderer Ebene vorliegen. Bereits funktionell publiziert ist eine transgene Maus, die mit der BAC-Technologie generiert wurde. Unter die Kontrolle des CD11c-Promotors im BAC wurde das Gen zu Cre-Expression eingebracht [63]. Über die benötigte Stärke des CD11c-Promotor ist für die Fragestellung der Arbeit nichts bekannt. Auch gibt es keine Referenzmöglichkeiten für erforderliche Proteinmengen. Vielleicht ist aber auch die mRNA aus

Diskussion

unbekannten Gründen nicht lang genug stabil, um eine nachweisbare Menge an Cre-Protein zu translatieren.

Hinzu kommt, dass auch die Expression des rot fluoreszierenden Proteins DsRedExpress in Knochenmarkszellen im FACS nicht nachweisbar war. Der Grund hierfür kann nicht darin liegen, dass eventuell die IRES-Sequenz fehlerhaft oder nicht funktionell ist, da erstens wiederum alle Sequenzen überprüft wurden und zweitens, die Expression im „Testplasmid" in HEK Zellen ohne Probleme funktioniert hat. Es gibt jedoch möglicherweise Probleme mit dem Wiedereintritt der Ribosomen an die mRNA, wodurch die bicistronische Translation beeinträchtigt sein kann. Auch kann es nicht an technischen Problemen bezüglich der Kanäle im FACS gelegen haben, da auch die transfizierten, das DsRedExpress exprimierenden Zellen im FACS ein deutliches Signal im roten Kanal zeigten. Ein weiterer Aspekt der mangelnden DsRedExpress-Expression in den CD11c[+] Zellen könnte sein, dass dieses Protein ein gewisses Maß an Toxizität *in vivo* besitzt [60]. Da die analysierten Mäuse ausschließlich heterozygot waren, sind vermutlich die Zellen, die das Transgen exprimieren nicht mehr nachzuweisen, weil sie eventuell bereits nicht mehr in den Mäusen existent sind. Inzwischen gibt es eine Vielzahl von modifizierten, optimierten rot fluoreszierenden Proteinen, die eine deutlich geringere Toxizität aufweisen, als DsRedExpress. Deswegen ist eine alternative Überlegung für die Zukunft, das DsRedExpress im Konstrukt durch eine einfache Umklonierung mit mCherry zu ersetzen, um dadurch zumindest die Gefahr der Toxizität zu reduzieren.

Diskussion

4.2. TARCeGFP k/o-Mäuse als Modellorganismen für die Rolle einer DC-Subpopulation in der allergischen Atemwegsentzündung

4.2.1. Die Rolle von TARC im allergischen Asthma - eine kontroverse Diskussion

Die Dendritischen Zellen als professionelle Antigen präsentierende Zellen sind in der Lage, T-Zellen zu aktivieren. Die herausragende Rolle der DCs in der allergischen Atemwegsentzündung konnte in einem entsprechenden Mausmodell gezeigt werden, bei dem durch Depletion von DCs während der Provokation mit Antigen die Eosinophile Atemwegsentzündung verringert war [64]. Es ist bekannt, dass die Interaktion zwischen Chemokinen, die von DCs produziert werden und Chemokin-Rezeptoren auf der Oberfläche von T-Zellen für die Aktivierung (CCL18/CCL19) und Attraktion (CCL2/CCL3/CCL17/CCL23) verantwortlich ist [65]. Sowohl TARC (thymus and activation regulated chemokine), auch bekannt als CCL17, als auch MDC (macrophage derived chemokin) oder CCL22, binden an den Rezeptor CCR4, der auf T_H2-Zellen stark exprimiert ist [66]. In atopischen Asthmatikern wurde eine erhöhte Konzentration von TARC/CCL17 und MDC/CCL22 in der Bronchoalveolären Lavage nachgewiesen [21]. Doch die Rolle von CCL17 hat in der Vergangenheit bereits für eine kontroverse Diskussion in der Literatur bezüglich seiner Rolle in der allergischen Atemwegsreaktion geführt. Jüngste Studien zeigten, dass die Behandlung von Mäusen mit α-TARC Antikörpern im Modell der allergischen Atemwegsentzündung zu einer Reduktion der Anzahl CD4 positiver Zellen und Eosinophilen in der BAL Flüssigkeit führten. Außerdem wurde die Produktion von T_H2-Zytokinen inhibiert und die Atemwegs Hyperreagibilität nach der Provokation vermindert [23]. Der positive Einfluss, den die Gabe des Kortikosteroids Dexamethason in einem murinen Asthma-Modell hat, kann teilweise auf den Rückgang von TARC mRNA sowie Protein im Lungengewebe zurück geführt werden [24]. Auf der anderen Seite jedoch hat das Fehlen des CCR4-Gens in Experimenten mit $CCR4^{-/-}$-Mäusen keinen Einfluss auf die Entwicklung der T_H2-Antwort in einem OVA-induzierten murinen Modell der allergischen Atemwegsentzündung [25]. Da jedoch die Bindung von MDC an CCR4 mit TARC konkurriert, und ebenso zur Attraktion von T_H2-Zellen führt [26], konnte mit Hilfe von polyklonalen Antikörpern gegen MDC ein protektiver Effekt gegen Eosinophilie und bronchialer Hyperreagibilität erzeugt werden [25]. Die Expression der CCR4-spezifischen Liganden TARC und MDC ist nach der Provokation auch in den Epithelzellen der Atemwege stark erhöht, was die Beteiligung dieser Rezeptor/Ligand-Achse an der Regulierung der Rekrutierung von Lymphozyten zur asthmatischen Lunge suggeriert [22]. Des Weiteren spielt möglicher Weise die Expression von CCR4 auf der Oberfläche von zirkulierenden naiven T_{Reg}-Zellen eine Rolle, deren Rekrutierung in lymphatisches Gewebe beeinflusst sein könnte [67].

Um nun die Rolle von TARC direkt *in vivo* zu untersuchen, analysierten wir GFP-exprimierende CCL17-k/o-Mäuse [54] in zwei unterschiedlichen akuten Modellen der allergischen

Diskussion

Atemwegsentzündung. Es galt zu untersuchen, ob das Fehlen von CCL17 zu einer Reduktion der charakteristischen Eigenschaften von Asthma führt.

4.2.2. Das Chemokin CCL17 im murinen Modell der allergischen Atemwegsentzündung

4.2.2.1. Die Bedeutung von CCL17 während der intraperitonealen Immunisierung

Die in Asthma involvierten T_H2 Lymphozyten reagieren unter anderem auf die CCR4 Liganden TARC und MDC, was die Vermutung nahe legt, dass diese T_H2-Zellen eine bedeutende Rolle in der allergischen Atemwegsentzündung spielen.

$TARC^{-/-}$ und wt-Mäuse, die durch die intraperitoneale Injektion von OVA in Verbindung mit dem Adjuvans Alum sensibilisiert und mit OVA-Aerosol provoziert wurden, um ein Modell der akuten allergischen Atemwegsentzündung zu imitieren, wurden auf deren charakteristische Eigenschaften hin untersucht. Da IgE in der allergischen Reaktion eine Schlüsselrolle innehat, wurde zunächst die Immunantwort in Form von OVA-spezifischen IgE-Antikörpern bestimmt. Es konnte gezeigt werden, dass in diesem Modell ein Anstieg an OVA-spezifischem IgE bei den OVA-immunisierten Mäusen im Vergleich zu den PBS behandelten Kontrollmäusen erfolgt. Jedoch ist kein Unterschied der IgE-Produktion zwischen den wt- und den $TARC^{-/-}$-Tieren zu verzeichnen. Interessanterweise besteht jedoch ein signifikanter Unterschied zwischen wt und den $TARC^{-/-}$-Mäusen in Bezug auf den Nachweis von OVA-spezifischem IgG1, das ebenfalls ein Indikator einer T_H2-Antwort ist, im Serum. In den $TARC^{-/-}$-Mäusen wurde signifikant weniger IgG1 nachgewiesen als in den wt-Tieren. Ein weiteres Kennzeichen der Asthma-spezifischen T_H2-Antwort ist die Infiltration der Lunge mit Entzündungszellen. In den immunisierten Mäusen war dem Protokoll entsprechend ein Anstieg der Gesamtleukozytenzahl in der BAL nachzuweisen, doch die $TARC^{-/-}$-Tiere hatten in dieser Analyse sogar signifikant mehr Lungen-Infiltrate als die wt-Tiere. Bei genauerer Analyse der Zusammensetzung der BAL-Zellen zeigt sich eine Tendenz dafür, dass dieser Unterschied auf vermehrte Eosinophilen und Lymphozyten zurückzuführen sein könnte. Eine der Hauptaufgaben von TARC besteht bekanntlich darin, CCR4 exprimierende T_H2 Lymphozyten zum Entzündungs-Ort zu rekrutieren [68]. Deswegen wurden $CD4^+$ Zellen in der BAL, der Lunge und den mediastinalen Lymphknoten anhand von FACS-Analysen untersucht. Die Zahl infiltrierender $CD4^+$ T Lymphozyten in der BAL, der Lunge und deren drainierenden mediastinalen Lymphknoten ist bei OVA-behandelten wt- und $TARC^{-/-}$-Tieren nahezu identisch. Außerdem zeigen sich keine Unterschiede zu den PBS behandelten wt und $TARC^{-/-}$-Tieren. Auffallend ist jedoch die massive Infiltration von TARC-exprimierenden Zellen in der bronchoalveolären Lavage, sowie in geringeren Mengen in die Lunge, die durch das transgene Mausmodell in diesem Fall anhand von GFP-Expression detektiert werden konnte. Dies ist konform mit der Beobachtung, dass in Asthmatikern

Diskussion

nach der Provokation mit Antigen die Menge an TARC in BAL und Sputum massiv erhöht ist [69-71]. Zu dem Ergebnis der induzierten TARC-Expression im murinen Asthma-Modell gelangte auch die Gruppe um Kawasaki [23]. Die Histologie der Lunge zeigt hingegen wiederum keinen Unterschied in der Anzahl von inflammatorischen Zellen und Schleim-produzierenden Becherzellen in den Alveolen von OVA behandelten wt und TARC$^{-/-}$-Mäusen. Da ein direkter Zusammenhang zwischen der Eosinophilen Zahl in der BAL mit der Lungenfunktion postuliert wird [72], wurde auch diese als Messung der AHR durchgeführt. Aber auch hier zeigte sich keine Verbesserung der AHR bei der Gruppe der OVA behandelten TARC$^{-/-}$-Tiere im Vergleich zur wt-Kontrollgruppe. Zusammenfassend lässt sich also sagen, dass in diesem Protokoll der akuten allergischen Atemwegsentzündung TARC keine Rolle in Bezug auf OVA-spezifisches IgE, die Zusammensetzung der BAL-Zellen, die Histologie der Lunge als auch die AHR zu spielen scheint. Einzig statistisch erhöhte OVA-spezifische IgG1-Produktion ist im Serum von TARC$^{-/-}$-Tieren nachzuweisen. Diese Ergebnisse stehen teilweise im Widerspruch zu bereits veröffentlichten Daten. So hat zum Beispiel die Gruppe von Kawasaki in vergleichbaren Experimenten der allergische Atemwegsentzündung neutralisierende Antikörper gegen TARC eingesetzt. Deren Ergebnisse zeigen in den α-TARC Antikörper behandelten Tieren, dass eine verminderte Eosinophilie, verminderte AHR und eine Reduktion der T$_H$2 Zytokine in den Tieren ausgelöst wurden [23]. Die Unterschiede zu den hier gewonnenen Daten könnten darin liegen, dass in den hier verwendeten TARC$^{-/-}$-Tieren das Chemokin TARC bereits von Lebensbeginn der Mäuse an fehlt, und dass dadurch eventuell noch unbekannte Mechanismen diesen Defekt substituieren. Eine andere Möglichkeit wäre, dass zum Beispiel das Chemokin MDC (CCL22) die Funktion von TARC zu einem Teil übernimmt. MDC weist eine funktionelle Redundanz mit TARC auf, da beide von den gleichen Zelltypen exprimiert werden und beide an den Chemokin-Rezeptor CCR4 auf T$_H$2 Lymphozyten binden. Beide Chemokine besitzen zudem eine Sequenz-Homologie von etwa 32% [73]. So wird zum Beispiel in der Veröffentlichung von Gonzalo et al. [74] gezeigt, dass MDC auch von DCs exprimiert wird, die außerdem TARC-exprimieren. Die höchste Menge an MDC-mRNA konnte in Thymus und Lunge detektiert werden. Aber MDC wird auch von alveolären Makrophagen und Zellen der glatten Muskulatur exprimiert.

Das Blockieren von MDC mit einem polyklonalen Antikörper führte zu einer signifikanten Reduktion infiltrierender Eosinophile in das Lungenepithel sowie der AHR [23]. Es wurde berichtet, dass die Ausbildung der AHR von der Rekrutierung von Eosinophilen zur Submucosa der Mauslunge und nicht zu den Atemwegen abhängt [75]. Eine klinische Studie konnte keinen Zusammenhang zwischen der Schwere der AHR und der Anzahl inflammatorischer Zellen in Sputum oder BAL nachweisen [76]. Die Daten von Gonzalo zeigen, dass die Präsenz von Eosinophilen und anderen inflammatorischen Zellen im Lumen der Atemwege (BAL) allein nicht ausreicht, um die AHR zu verursachen. Vielmehr müssen diese Zellen in der peribrochialen Submucosa oder in perivaskulären Regionen (Lungenschnitte) lokalisiert sein, um diese Effekte hervorzurufen. Dabei spielt MDC die Hauptrolle in der Migration der entsprechenden Zellen und deren Lokalisation

Diskussion

während der allergischen Atemwegsentzündung. Untersuchungen von Kawasaki et al. [23] konnten zeigen, dass die Behandlung von Mäusen mit einem α-TARC-Antikörper zu einer Abmilderung der Entwicklung der allergischen Atemwegsentzündung und Atemwegs-Hyperreagibilität führt. Der Unterschied zu dem α-MDC-Antikörper, der bei Gonzalo verwendet wurde liegt darin, dass dieser polyklonal war, wohingegen der gegen TARC monoklonal und hoch spezifisch ist, und zum Beispiel keinen Einfluss auf die Expression von MDC hat. TARC hat demzufolge neben MDC ebenfalls eine bedeutende Rolle in der Rekrutierung von T_H2 Lymphozyten. TARC wird in der Lunge von bronchialen Epithelzellen exprimiert und nach der Allergen-Provokation heraufreguliert, sodass es dann auch im Bronchialepithel, peribronchialen Läsionen und infiltrierenden Zellen zu detektieren war. Eine Kombinationsfärbung zeigte jedoch nur wenige CD11c$^+$ Zellen, die gleichzeitig TARC$^+$ waren. Durch die Gabe von mAK gegen TARC wurden Eosinophilie und AHR, sowie T_H2-Zytokine verringert. Außerdem erfolgte eine geringere Infiltration von CD4$^+$ Zellen in die Atemwege. Hier wurde ein direkter Zusammenhang zwischen der Eosinophilen-Zahl in der BAL mit der Lungenfunktion postuliert [72]. Wie bereits erwähnt binden CCL17 und CCL22 beide an den Chemokin-Rezeptor CCR4. Chvatchko et al. konnten hingegen zeigen, dass dieser Rezeptor keinen Einfluss auf die T_H2 abhängige allergische Atemwegsreaktion im Mausmodell hat [25]. Auch in diesem Fall handelt es sich um k/o-Mäuse, denen schon von Anbeginn ihres Lebens dieser Rezeptor fehlt. Die Ergebnisse von Chvatchko stehen jedoch wiederum im Widerspruch zu denen von Gonzalo, da der Einsatz eines polyklonalen Antikörpers gegen MDC, einem der CCR4-Liganden, gegen die Ausbildung von Eosinophilie und BHR schützt. Diese Unterschiede könnten darauf zurückzuführen sein, dass ein alternativer Rezeptor für MDCs auf aktivierten T-Zellen exprimiert wird (im Umkehrschluss für unsere Experimente Redundanz von TARC), der unterschiedliche genetische Hintergrund der verwendeten Mäuse einen Einfluss auf deren Anfälligkeit hat, oder dass die verwendeten polyklonalen Antikörper auch MDC-bindende Zellen depletiert haben. Momentan ist leider kein mAK gegen murines MDC erhältlich. Das ermöglichte es in dieser Arbeit leider nicht, MDC zusätzlich zu TARC zu depletieren, um den Punkt der Redundanz zu klären.

Chvatchko konnte keinen Effekt in einem akuten Modell der allergischen Atemwegsentzündung zeigen, deswegen verwendeten Schuh et al. [77] ein chronisches Modell, das die Erkrankung beim Menschen eher widerspiegelt. In diesem Modell konnte eine verminderte AHR nachgewiesen werden. Andere Effekte konnten jedoch in diesem Modell nicht aufgezeigt werden. Lediglich eine vermehrte Infiltration von Neutrophilen war nachzuweisen. Das in dieser Arbeit verwendete akute Modell der allergischen Atemwegserkrankung basiert jedoch auf Eosinophilen als Indikator für die Entzündung, das auch der Situation im humanen System physiologisch widerspiegelt.

Es gibt auch noch andere Zelltypen, die CCR4 exprimieren, wie zum Beispiel Thrombozyten [78], Monozyten [78, 79] und Makrophagen [25]. Die Möglichkeit, dass eventuell noch andere TARC-exprimierende Zellen, wie zum Beispiel DCs der Haut, beteiligt sein könnten und die Erkenntnisse von Alferink et al. [54], dass TARC$^{-/-}$-Mäuse eine verminderte Kontakt-Überempfindlichkeit zeigen,

Diskussion

gaben Anlass dazu, ein alternatives Modell der akuten Atemwegsentzündung in den TARC$^{-/-}$-Mäusen zu testen. Außerdem konnte kürzlich eine Veröffentlichung zeigen, dass CCR4 auch auf allen T-Zellen der Haut exprimiert wird, die gleichzeitig positiv sind für CLA (cutaneous lymphocyte antigen) [80].

Die Bedeutung von TARC im murinen Asthma wurde deswegen mit Hilfe eines subkutanen Modells untersucht. Bei diesem Modell erfolgt die Immunisierung mit OVA subkutan in den Nacken der Mäuse. Dieses Immunisierungsmodell funktioniert dabei ohne den Einsatz von Alum als Adjuvans und liefert zum bisher verwendeten Modell vergleichbare Ergebnisse [55]. Die Untersuchung von TARC$^{-/-}$-Mäusen und die damit verbundene Rolle des Chemokins in der allergischen Atemwegsentzündung führte zu den folgenden Ergebnissen. Im Bezug auf die OVA-spezifischen IgE- und IgG1-Level zeigten sich zwischen dem subkutanen und dem Protokoll mit OVA Alum i.p. kaum Unterschiede. Nur die Menge an produzierten Antikörpern war im subkutanen Modell generell niedriger. Im direkten Vergleich von wt- und TARC$^{-/-}$-Tieren im s.c. Modell waren keine signifikanten Unterschiede nachzuweisen. Wie auch bei der i.p. Immunisierung war im Bezug auf IgG1 eine signifikante Reduktion bei der Gruppe der TARC$^{-/-}$-Mäuse zu verzeichnen. Eine signifikante Reduktion der gesamten Lymphozyten-Zahl in der BAL der TARC$^{-/-}$-Mäuse zeigte den ersten deutlichen Unterschied zwischen beiden Protokollen. Bei genauerer Spezifikation zeigte sich hier der Rückgang der Leukozytenzahl in der signifikanten Reduktion der Eosinophilen begründet. Des Weiteren zeigt die Histologie der Lunge eine deutliche Verbesserung der peribronchialen und periarteriellen Infiltration von Entzündungszellen, die ebenfalls als signifikant quantifiziert wurde. Konform mit diesen Ergebnissen zeigt sich ein Trend zur verbesserten Lungenfunktion in den TARC$^{-/-}$-Tieren. Man kann zusammenfassend sagen, dass bis auf die OVA-spezifischen IgE-Level die charakteristischen Eigenschaften der allergischen Atemwegsentzündung beim subkutanen Modell in TARC$^{-/-}$-Mäusen im Vergleich zu wt-Tieren verstärkt waren. Da bei der Etablierung des subkutanen Protokolls keine Unterschiede zur i.p. Immunisierung nachzuweisen waren, muss der veränderte Phänotyp auf das Fehlen von CCL17 in Haut DCs zurückzuführen sein.

Möglicherweise liegt der Grund für den beobachteten Phänotyp in der Tatsache, dass noch andere Zellen, wie zum Beispiel Langerhans-Zellen TARC exprimieren. So konnte gezeigt werden, dass epidermale Langerhans Zellen erst nach Reifung und Einwanderung in den Lymphknoten der Haut CCL17 heraufregulieren. Das fehlen von CCL17 hat in dieser Veröffentlichung zu einer Verbesserung der Kontaktüberempfindlichkeit (CHS) geführt und somit die Rolle des Chemokins in der Funktion von Langerhans-Zellen bestätigt [54]. Möglicherweise werden im subkutanen Modell der allergischen Atemwegsentzündung die charakteristischen Eigenschaften von Asthma auch über diese Immunisierungsroute induziert, weswegen bei dem i.p. Modell kaum Unterschiede aufzuweisen sind. Vielleicht spielen TARC und MDC im Falle von Langerhans-Zellen keine redundante Rolle, so dass die Effekte nicht aufgehoben werden. Andererseits könnte jedoch auch, wie oben erwähnt, der Rezeptor von TARC (CCR4) in diesem Fall eine andere Funktion darstellen,

Diskussion

da erst kürzlich festgestellt wurde, dass CCR4 auch auf allen Haut T-Zellen exprimiert wird, die gleichzeitig positiv sind für CLA [80]. Oder aber TARC bindet in diesem Fall auch an CCR8, um Chemotaxis zu induzieren [81]. Möglicherweise ist dies ein weiterer Mechanismus, über den TARC sowohl durch die Bindung an CCR4 als auch CCR8 in die allergische Atemwegsentzündung involviert ist.

Zusammenfassend lässt sich somit sagen, dass bei dem Protokoll der allergischen Atemwegsentzündung, das durch die intraperitoneale Injektion von OVA Alum induziert wird, kaum Unterschiede im Bezug auf die charakteristischen Eigenschaften der T_H2-Immunantwort Asthma zwischen TARC$^{-/-}$- und wt-Tieren nachzuweisen sind. Lediglich die Menge an OVA-spezifischem IgG1 ist in der Gruppe der wt-Tiere reduziert. Andererseits zeigen sich bei der subkutanen Immunisierung mit OVA ohne Adjuvans deutliche Verbesserungen der allergischen Reaktion in Bezug auf IgG1, Leukozyten- und Eosinophilen-Zahl in der BAL sowie der Histologie der TARC$^{-/-}$-Tiere. Diese Ergebnisse legen die Vermutung nahe, dass TARC im ersten Fall nur eine untergeordnete Rolle aufgrund möglicher Redundanz mit dem Chemokin MDC darstellt. Im zweiten Fall ist eventuell entscheidend, dass TARC auch in Langerhans-Zellen der Haut exprimiert wird und somit als Schlüssel-Chemokin verantwortlich für die Migration in die drainierenden Lymphknoten ist. Ohne eine ausreichende Migration wird möglicherweise die T_H2-Immunantwort nicht ausreichend induziert.

4.3. Die Rolle von regulatorischen T-Zellen in der allergischen Atemwegsentzündung

4.3.1. Regulatorische T-Zellen kontrollieren das immunologische Gleichgewicht

In einigen Industrienationen war während der letzten 50 Jahre ein bemerkenswerter Anstieg von allergischen Reaktionen auf harmlose Allergene zu verzeichnen [82]. Es ist zwar bekannt, dass die Atopie für die Ausbildung einer allergischen Reaktion von mehreren verschiedenen genetischen Faktoren abhängt, doch es ist andererseits auch offensichtlich, dass sich während der letzten 50 Jahre keine dramatischen Veränderungen im humanen Genom abgezeichnet haben. Daraus kann man schließen, dass dieser signifikante Anstieg auf veränderte Umweltfaktoren zurückzuführen ist. Ähnliche Entwicklungen konnten auch für Autoimmunkrankheiten wie Diabetes Typ I oder Multiple Sklerose beobachtet werden [1]. Ergänzt durch epidemiologische Studien, die den Einfluss von Umweltfaktoren auf die Entwicklung von Allergien beleuchteten, wurde die „Hygiene Hypothese" formuliert [83-86]. Weiterführende Studien schlagen vor, dass aktive Regulation des Immunsystems einen essentiellen Beitrag zum Erhalt von nicht entzündlicher peripherer Toleranz gegen Allergene im gesunden Menschen leistet [87]. Im Immunsystem von Mensch und Maus finden sich verschiedene Zellen zur Aufrechterhaltung der aktiven Regulation des

Diskussion

immunologischen Gleichgewichts. Die wohl wichtigsten Zelltypen in diesem Zusammenhang sind regulatorische T-Zellen [88-91]. Neben den natürlich vorkommenden, im Thymus gereiften nT_{Reg}, finden sich die in der Peripherie adaptierten, induzierten oder konvertierten T_{Reg} (iT_{Reg}) [92, 93]. Suppression kann durch inhibitorische Zytokine, Zytolyse, metabolische Zerstörung und Modulation von Reifung und Funktion Dendritischer Zellen erfolgen [34, 94-96]. Die verschiedenen T_{Reg}-Subtypen unterscheiden ich nicht nur aufgrund ihrer Herkunft, sondern auch im Bezug auf ihre Wirkungsweise, sowie der Expression verschiedener Marker und Produktion von Zytokinen. nT_{Reg} können primär durch die Expression von Foxp3$^+$CD4$^+$CD25$^+$ charakterisiert werden und zeigen ein T-Zell-Rezeptor (TCR) Repertoire auf, das spezifisch für Selbst-Antigene ist [97, 98]. Die induzierten T_{Reg} werden unter anderem in die T_R1- und die T_H3-Zellen unterteilt. Durch IL-10 und TGFβ können diese jeweils experimentell generiert werden und vermitteln darüber hinaus ihre suppressive Aktivität durch entsprechende Zytokin-Expression, nach der sie charakterisiert werden [99, 100]. Ein Teil der induzierten T_{Reg} exprimiert jedoch kein Foxp3. In einem *in vivo* Mausmodell konnte kürzlich gezeigt werden, dass die Stimulation von Effektor T-Zellen durch CD103$^+$ DCs in Anwesenheit von Retinolsäure und TGFβ die Entstehung von Foxp3$^+$ T-Zellen im Darm assoziierten lymphatischen Gewebe induziert [94]. Ferner hat TGFβ interessanterweise Einfluss darauf, die Foxp3-Expression in T_{Reg} aufrecht zu erhalten [101], was durch Il-4 oder IFN-γ blockiert werden kann [102]. Andrerseits existieren auch nT_{Reg}, die ebenfalls IL-10 exprimieren. Die Analyse von Mäusen, denen die IL-10-Allele in regulatorischen T-Zellen fehlten, konnte zeigen, dass die Produktion von IL-10 durch T_{Reg}-Zellen nicht für die Kontrolle der systemischen Autoimmunität vonnöten war, jedoch entscheidend für die Kontrolle des Immunsystems an Schnittstellen zur Umwelt war, wie es bei der Lunge und dem Darm der Fall ist [103]. Das gesamte Spektrum an Unterschieden und Gemeinsamkeiten zwischen iT_{Reg} und nT_{Reg} muss noch umfassender untersucht werden was wiederum besserer Marker bedarf, um eine exakte Identifikation der Subtypen zu ermöglichen [104].

Menschen, denen ein intaktes FOXP3 fehlt, entwickeln die Krankheit IPEX („immunodysregulation, polyendocrinopathy and enteropathy, X-linked syndrome), welche eine schwere Autoimmunkrankheit ist, die sich in der frühen Kindheit äußert. Zu den Symptomen von IPEX, die parallel auch bei Mäusen als „scurfy" Erkrankung zu finden ist [105], zählen darüber hinaus allergische Reaktionen [106]. Diese schließen schwere Ekzeme, erhöhtes IgE im Serum, Eosinophilie und Nahrungsallergien ein [107].

Auch in verschiedenen Mausmodellen konnte den T_{Reg} bisher eine wichtige Rolle in der allergischen Atemwegsentzündung bescheinigt werden. Zunächst wurde für nT_{Reg} gezeigt, dass sie die allergische Atemwegsentzündung limitieren und sie die allergen-induzierte AHR modulieren [108]. Eine ähnliche Rolle wurde den IL-10- und TGFβ-produzierenden iT_{Reg}, basierend auf Asthma-Modellen in der Maus zugesprochen [109-114]. Allerdings liegt der limitierende Faktor fast all dieser Experimente darin, dass der Focus auf regulatorischen T-Zellen liegt, die entweder *in vitro* oder in eher systemischen lymphatischen Geweben wie der Milz generiert wurden. Somit ist

Diskussion

die Regulation in der direkten Umgebung des Ortes der Allergen-Provokation weitgehend unklar. Nur einige wenige Studien haben versucht, diese Lücke zu schließen [109, 111, 112].

4.3.2. Die DEREG-Maus im Modell der akuten allergischen Atemwegsentzündung

Unter Verwendung der DEREG-Maus, die unter der Kontrolle des Foxp3-Promotors ein DTR-GFP-Fusionsprotein exprimiert, ist es nun zum ersten Mal möglich, spezifisch und zu jedem beliebigen Zeitpunkt Foxp3$^+$ T-Zellen *in vivo* zu depletieren und somit deren Rolle in der allergischen Atemwegsentzündung im Mausmodell zu untersuchen [56].

4.3.2.1. Die Bedeutung von T$_{Reg}$ in der Phase der Sensibilisierung

Noch immer ist nicht genau bekannt, welche Subtypen von regulatorischen T-Zellen genau in die allergische Atemwegserkrankung involviert sind. Die Fragestellung nach der Rolle von T$_{Reg}$ in der Phase der Sensibilisierung im DEREG-Mausmodell wurde in dieser Arbeit untersucht, indem zunächst jeweils direkt nach der Sensibilisierung mit OVA-Alum Foxp3$^+$ Zellen durch die systemische Injektion von Diphtheria Toxin direkt *in vivo* depletiert wurden. Die Analyse am Ende der Induktion der allergischen Atemwegsentzündung ergab, dass die Gruppe von Mäusen ohne regulatorische T-Zellen zum Zeitpunkt der Sensibilisierung einen massiven Anstieg an den für die T$_H$2-Erkrankung Asthma typischen inflammatorischen Charakteristika aufwies. Es ist in Mäusen bekannt, dass das IL-4 von T$_H$2 Zellen für die Induktion von IgE und IgG1 verantwortlich ist [115], wohingegen das von T$_H$1 Zellen produzierte IFN-γ IgG2a und IgG3 induziert [116]. In der Gruppe der depletierten DEREG-Tiere stieg zum einen die Menge an OVA-spezifischem IgE signifikant gegenüber der Kontrollgruppe an. Andererseits fiel jedoch das OVA-spezifische IgG1, das ebenfalls charakteristisch für eine T$_H$2-Antwort ist, unvermutet in der depletierten DEREG-Gruppe signifikant ab. Ein deutliches Zeichen für die massiv erhöhte T$_H$2-Immunantwort stellt wiederum die stark signifikante Erhöhung der Gesamtzahl der Lungen-infiltrierenden Zellen dar, die in der BAL gemessen wurden. Die spezifischere Analyse zeigte, dass der Hauptanteil dieser in den depletierten DEREG-Tieren erhöhten Zellzahl durch die Infiltration von Eosinophilen verursacht wird. Die Quantifizierung histologischer Analysen der Lunge wies ebenfalls eine signifikante Entzündung der Alveolen und eine vermehrte Schleimproduktion durch eine anwachsende Zahl von Becherzellen auf, sobald regulatorische T-Zellen während der Phase der Sensibilisierung der allergischen Atemwegsentzündung depletiert waren. Ebenso war die Lungenfunktion dieser Tiere signifikant schlechter, als die von immunisierten wt-Tieren. Die Messung von Zytokinen im Überstand eines „Restimulations-Assays" ergab, dass die T$_H$2 relevanten IL-4 und IL-13 in der DT behandelten DEREG-Tiere erhöht waren. Aber auch IFN-γ war leicht erhöht, was eventuell eine Erklärung für den oben beschriebenen Abfall von IgG1 liefern könnte [116].

Diskussion

Ähnliche Ergebnisse wurden in einer Untersuchung von Lewkowich et al. [108] veröffentlicht, in welcher ebenfalls die Rolle von nT_{Reg} untersucht wurde. Die Veröffentlichung untersucht wie die Kapazität der vor der allergischen Sensibilisierung vorhandenen $CD4^+CD25^+$ T_{Reg}-Zellen, die Entwicklung der allergischen Atemwegsentzündung beeinflußt. Es wurden anti-CD25 Antikörper verwendet, um $CD25^+$ Zellen *in vivo* zu depletieren, wodurch die Zahl der $CD4^+CD25^+$ der Lungen-infiltrierenden Zellen, nicht aber die der $CD25^{int}$ T-Zellen verringert wurde. Die Depletion von $CD25^+$ Zellen vor der Verabreichung des Allergens, in diesem Fall das der Hausstaubmilbe, führte zu einem signifikanten Anstieg der T_H2-Zytokin-Antwort, des IgE Spiegels, der Eosinophilie und der AHR in allergie-resistenten Mäusen des Stammes C3H. Einen vergleichsweise geringen Effekt zeigte diese Behandlung in allergie-sensitiven Mäusen wie dem A/J Stamm. Dabei zeigten die *ex vivo* isolierten $CD25^+$ Zellen keine Unterschiede in ihrer regulatorischen Kapazität, weshalb die auftretenden Unterschiede zwischen sensitivem und resistentem Stamm auf eine nicht T-Zell-Population zurück geführt wurde. Des Weiteren konnte die Gruppe zeigen, dass die Depletion von $CD25^+$ pulmonaren T_{Reg}-Zellen während der Effektor-Phase der Immunantwort die AHR nicht verstärkt. Auch wenn in diesen Experimenten die Zahl der $CD4^+CD25^{int}$ T-Zellen der Lunge durch die anti-CD25 Antikörper nicht verändert wurde, so besteht beim Einsatz von depletierenden anti-CD25 Antikörpern generell die Gefahr, dass auch $CD4^+$ Effektor T-Zellen, die CD25 nach Aktivierung herauf regulieren [98] oder Zellen der $CD4^-CD25^+$ T-Zell-Population betroffen sind, deren Einfluss in der Immunantwort entscheidend sein könnte. Außerdem wurden $CD25^-$ T_{Reg}-Zellen, die in der Schleimhaut eine große Rolle spielen können, dadurch nicht depletiert [117]. Der einzigartige Aspekt dieser Untersuchung ist jedoch die Verwendung eines resistenten Stammes, welche mit der Situation im Menschen Parallelen aufweisen könnte. In der vorliegenden Arbeit wurde mit den DEREG-Mäusen des für T_H2-Antworten ebenfalls resistenten C57BL/6-Stamm gearbeitet und ebenfalls eine deutliche Verschlechterung der T_H2-Antwort durch das Fehlen der $Foxp3^+$ T_{Reg} *in vivo* gezeigt.

Eine der ersten Studien zur Rolle von $CD4^+CD25^+$ T-Zellen im allergischen Asthma stammt von Suto et al. [29]. Diese zeigt jedoch, dass überraschenderweise die AHR und Inflammation nach Depletion mit α-CD25 Antikörpern deutlich besser wird. Erneut ist auf die Gefahr hinzuweisen, durch diese Methode ebenso die aktivierten Effektor T-Zellen zu beeinflussen.

In der Veröffentlichung von Kearly et al. wurde eine andere Strategie verwendet, um die Rolle von $CD4^+CD25^+$ T_{Reg} zu untersuchen [112]. Durch den adoptiven Transfer von $CD4^+CD25^+$ T-Zellen vor der Provokation immunkompetenter Mäuse mit OVA, wogegen die Mäuse zuvor immunisiert wurden, zeigte, dass der Transfer von T_{Reg} die AHR, die Rekrutierung der Eosinophilen, sowie die T_H2 Zytokin-Produktion inhibiert. Dabei war die Suppression abhängig von IL-10, da die Blockade des IL-10-Rezeptors die Inhibierung rückgängig machte. Dennoch ist die Fähigkeit zur Suppression auch durch die Verwendung von $CD4^+CD25^+$ T-Zellen aus Il-10 k/o-Mäusen vorhanden, was dafür spricht, dass die IL-10 Produktion nicht von den T_{Reg} ausgehen muss. Indes muss von Fall zu Fall unterschieden werden, welches Modell-System gerade verwendet wird, da

Diskussion

sich die Art der Suppression von regulatorischen T-Zellen ebenfalls unterscheidet [118]. Möglicherweise rühren die Diskrepanzen aus den einzelnen Studien auch daher, dass die Analysen in unterschiedlichen Systemen und zu verschiedenen Zeitpunkten durchgeführt wurden. Diese Studien zielen zwar auf die Untersuchung von T_{Reg} in der allergischen Inflammation ab, doch ist die Analyse mittels depletierender Antikörper dafür nur unzureichend spezifisch. Das in der vorliegenden Arbeit verwendete System der spezifischen Depletion *in vivo* in DEREG-Mäusen des für T_H2-Antworten resistenten Stammes C57BL/6 zeigt, dass das Fehlen von T_{Reg} während der Phase der Sensibilisierung zu einer massiven Verschlechterung der Asthma-Pathogenese führt. Somit sind nT_{Reg} von zentraler Bedeutung, das Immunsystem im Gleichgewicht zu halten und allergischen Entzündungen vorzubeugen.

4.3.2.2. Die Bedeutung von T_{Reg} in der Phase der Provokation

Wie oben bereits beschrieben, wird die Suppression durch iT_{Reg} durch die Produktion von IL-10 und/oder TGFβ vermittelt. Nachdem nicht alle T_{Reg} auch positiv für den hoch spezifischen Marker Foxp3 sind, ist es schwierig, verschiedene T_{Reg}-Subtypen zu identifizieren oder zu isolieren und ihre Bedeutung in der allergischen Immunantwort zu untersuchen. Dennoch wurde versucht, auch die Bedeutung der verschiedenen iT_{Reg}-Populationen in der allergischen Atemwegsentzündung zu untersuchen. Die Gruppe um Jaffar et al. transferierte zum Beispiel OVA-spezifische $CD4^+$ T-Zellen in Mäuse, die zuvor für $CD25^+$ Zellen depletiert wurden, was zu einer Induktion der allergischen Atemwegsentzündung führte [119]. Jedoch wurden die $CD4^+CD25^+$ Zellen für den Transfer zuvor *in vitro* expandiert und besaßen keine regulatorische Kapazität mehr. Joethem et al. transferierten ebenfalls $CD4^+CD25^+$ Zellen [28]. In diesem Fall handelte es sich um naive Zellen aus der Lunge, die vor der Immunisierung intratracheal in Mäuse verabreicht wurden, was die typischen Anzeichen der allergischen Atemwegsentzündung reduzierte. Die Daten zeigten, dass die Funktion der in dieser Studie als nT_{Reg} bezeichneten regulatorischen T-Zellen von IL-10 und TGFβ abhängig sind. Eventuell entstehen Allergien auch durch eine unzureichende Entwicklung von allergen-spezifischen $Foxp3^+$ T_{Reg} [31]. Es ist auch vorstellbar, dass durch die lokale Sekretion von IL-10 und TGFβ von T_{Reg} die Reifung von DCs unterdrückt wird, und diese wiederum Toleranz induzieren [32].

In der vorliegenden Arbeit wurden nur $Foxp3^+$ T_{Reg} im DEREG-Mausmodell durch die Gabe von DT während der Phase der Provokation depletiert. Zum ersten Mal ist dies nun Dank des Modells direkt *in vivo* möglich. Es ist anzunehmen, dass sich während der Immunisierung in der Peripherie bereits adaptive regulatorische T-Zellen entwickelt haben. Die erfolgreiche Depletion $CD4^+CD25^+Foxp3^+$ Zellen wurde in der FACS-Analyse von Blut und BAL bestätigt. Die Folgen für die Analyse der allergischen Atemwegsentzündung in den depletierten DEREG-Tieren äußerten sich wiederum in einem Anstieg der OVA-spezifischen IgE-Antwort, wenn auch nicht so massiv,

Diskussion

wie in der vorangegangenen Analyse, doch blieb in diesem Fall das Level von OVA-spezifischem IgG1 unverändert. Auch für weitere Parameter wie die Zellzahlen der BAL oder die Infiltration und Schleimproduktion der Lunge konnte das Fehlen der regulatorischen T-Zellen keine Unterschiede induzieren. Möglicherweise überwiegt in diesem Modell die Zahl der induzierten T_{Reg}, die sich nicht durch die Expression von Foxp3 charakterisieren bzw. depletieren lassen über die Zahl der Foxp3$^+$ Zellen, die depletiert wurden. Möglicherweise wird die hemmende Wirkung der T_{Reg} in diesem Modell wiederum durch IL-10 und TGFβ vermittelt.

Andrerseits bleibt die Frage zu klären, ob in den beiden oben genannten experimentellen Ansätzen die Zahl der induzierten regulatorischen T-Zellen nach der Sensibilisierung tatsächlich ansteigt, da die Unterscheidung natürlicher von induzierten T_{Reg} *in vivo* bekanntlich schwierig ist. Darüber hinaus muss deren Funktionalität im Hinblick auf suppressorische Aktivität genauer untersucht werden. Dies inkludiert zum Beispiel den Wirkungsmechanismus via TGFβ oder IL-10. Ebenso unbekannt ist der die Rolle der verschiedenen involvierten Dendritischen Zellen in diesem System. Möglicherweise unterdrücken die T_{Reg} die Sensibilisierung durch den Mechanismus der Unterdrückung der Reifung Dendritischer Zellen. So konnte bereits im Zusammenhang mit CD8$^+$ T-Zellen gezeigt werden, dass in der Abwesenheit FoxP3$^+$ T-Zellen die Induktion peripherer Toleranz durch Dendritische Zellen stark beeinträchtig war. Zugleich wiesen die Dendritischen Zellen der Milz bei Abwesenheit regulatorischer T-Zellen einen aktivierten Phänotyp auf und nahmen auch numerisch zu (Schildknecht et. al. in Revision).

AUSBLICK

Bezüglich der Mausmodelle müssen die neuen transgenen Linien auf ihre Funktionsfähigkeit hin in Zukunft getestet und analysiert werden, um sie anschließend mit entsprechenden Mausstämmen zu verpaaren, die die Analyse der gewünschten DC-Subpopulationen erlauben. Möglicherweise müssen noch weitere Alternativstrategien erarbeitet werden, um funktionelle transgene Mauslinien zu verwirklichen. Eventuell sollten die modifizierten BACs erneut mikroinjiziert werden, um die statistische Wahrscheinlichkeit einer funktionellen Gründer-Linie zu erhöhen.

Die Untersuchung der Bedeutung von TARC könnte in künftigen Experimenten durch den zusätzlichen Einsatz von depletierenden Antikörpern gegen MDC abgerundet werden (sofern vorhanden), um die mögliche Redundanz der beiden Chemokine auszublenden. Des Weiteren könnte die Bedeutung von T_{Reg} im Zusammenhang mit den TARC k/o-Mäusen von Interesse sein, da T_{Reg} auf ihrer Oberfläche ebenfalls den Rezeptor CCR4 exprimieren. Eventuell beeinflusst das Fehlen von TARC somit auch die Lokalisation und damit vielleicht auch die Funktion von T_{Reg} in der allergischen Atemwegsentzündung.

In weiteren Experimenten sollte in Zukunft auch der zu Grunde liegende Mechanismus der Foxp3$^+$ regulatorischen T-Zellen während der Sensibilisierung in Bezug auf Zytokine wie IL-10 oder TGFβ, DCs, Granzyme etc. analysiert werden. Von entscheidender Bedeutung ist hierfür jedoch die Identifizierung spezifischer Marker, um nT_{Reg} von iT_{Reg} auch *in vivo* differenzieren zu können, wobei eben auch Foxp3$^-$ T_{Reg} berücksichtigt werden sollten. Damit könnten dann eventuell auch die Ergebnisse aus den Experimenten während der Phase der Provokation besser interpretiert werden. Des Weiteren könnten durchaus Unterschiede im Hinblick auf den genetischen Hintergrund der verwendeten Mauslinien zu verzeichnen sein. Die DEREG-Maus ist inzwischen auf den genetischen Hintergrund von BALB/c-Mäusen zurück gekreuzt, die generell anfälliger für T_H2 Erkrankungen sind als die bisher analysierten DEREG-Tiere auf C57BL/6 Hintergrund, der eher T_H1-Immunantworten favorisiert. Zukünftige Analysen werden zeigen, wie sich der Einfluss von T_{Reg} in diesem System äußert.

Genetische Unterschiede finden sich zweifellos auch beim Menschen, was eventuell Rückschlüsse auf die genetische Prädisposition zulässt. Die Therapie-Ansätze, die momentan in der Humanmedizin zur Bekämpfung von Asthma eingesetzt werden, können vorwiegend zur symptomatischen Behandlung dienen, wie zum Beispiel durch den Einsatz von Kortikosteroiden mit den entsprechenden Nebenwirkungen. Andere Therapieformen, wie zum Beispiel SIT (Spezifische Immuntherapie) oder die Verwendung therapeutischer Antikörper wie Omalizumab (Anti-IgE) helfen bei Weitem nicht bei jedem Patienten. Auch sollten Faktoren untersucht werden, die möglicherweise einen direkten Einfluss auf die Funktion von T_{Reg} gewährleisten. Möglicherweise leistet die Forschung in Zukunft einen Beitrag zur Analyse der spezifischen Ursache der Allergien im Patienten und ermöglicht somit eine individuelle Therapie.

5. LITERATUR

1. Bach, J.F., *The effect of infections on susceptibility to autoimmune and allergic diseases.* N Engl J Med, 2002. **347**(12): p. 911-20.
2. Eder, W., M.J. Ege, and E. von Mutius, *The asthma epidemic.* N Engl J Med, 2006. **355**(21): p. 2226-35.
3. Yazdanbakhsh, M., P.G. Kremsner, and R. van Ree, *Allergy, parasites, and the hygiene hypothesis.* Science, 2002. **296**(5567): p. 490-4.
4. Strachan, D.P., *Hay fever, hygiene, and household size.* Bmj, 1989. **299**(6710): p. 1259-60.
5. Hawrylowicz, C.M. and A. O'Garra, *Potential role of interleukin-10-secreting regulatory T cells in allergy and asthma.* Nat Rev Immunol, 2005. **5**(4): p. 271-83.
6. Fallon, P.G. and N.E. Mangan, *Suppression of TH2-type allergic reactions by helminth infection.* Nat Rev Immunol, 2007. **7**(3): p. 220-30.
7. Larche, M., C.A. Akdis, and R. Valenta, *Immunological mechanisms of allergen-specific immunotherapy.* Nat Rev Immunol, 2006. **6**(10): p. 761-71.
8. Zheng, W. and R.A. Flavell, *The transcription factor GATA-3 is necessary and sufficient for Th2 cytokine gene expression in CD4 T cells.* Cell, 1997. **89**(4): p. 587-96.
9. Lambrecht, B.N., *The dendritic cell in allergic airway diseases: a new player to the game.* Clin Exp Allergy, 2001. **31**(2): p. 206-18.
10. Holt, P.G. and P.A. Stumbles, *Regulation of immunologic homeostasis in peripheral tissues by dendritic cells: the respiratory tract as a paradigm.* J Allergy Clin Immunol, 2000. **105**(3): p. 421-9.
11. Shortman, K. and Y.J. Liu, *Mouse and human dendritic cell subtypes.* Nat Rev Immunol, 2002. **2**(3): p. 151-61.
12. Schon-Hegrad, M.A., et al., *Studies on the density, distribution, and surface phenotype of intraepithelial class II major histocompatibility complex antigen (Ia)-bearing dendritic cells (DC) in the conducting airways.* J Exp Med, 1991. **173**(6): p. 1345-56.
13. Banchereau, J. and R.M. Steinman, *Dendritic cells and the control of immunity.* Nature, 1998. **392**(6673): p. 245-52.
14. Suda, T., et al., *Dendritic cell precursors are enriched in the vascular compartment of the lung.* Am J Respir Cell Mol Biol, 1998. **19**(5): p. 728-37.
15. Liu, K., et al., *In Vivo Analysis of Dendritic Cell Development and Homeostasis.* Science, 2009.
16. Cyster, J.G., *Chemokines and cell migration in secondary lymphoid organs.* Science, 1999. **286**(5447): p. 2098-102.
17. Lambrecht, B.N., et al., *Myeloid dendritic cells induce Th2 responses to inhaled antigen, leading to eosinophilic airway inflammation.* J Clin Invest, 2000. **106**(4): p. 551-9.
18. Lambrecht, B.N., et al., *Sensitization to inhaled antigen by intratracheal instillation of dendritic cells.* Clin Exp Allergy, 2000. **30**(2): p. 214-24.
19. Sung, S., C.E. Rose, and S.M. Fu, *Intratracheal priming with ovalbumin- and ovalbumin 323-339 peptide-pulsed dendritic cells induces airway hyperresponsiveness, lung eosinophilia, goblet cell hyperplasia, and inflammation.* J Immunol, 2001. **166**(2): p. 1261-71.
20. Hammad, H., et al., *Monocyte-derived dendritic cells exposed to Der p 1 allergen enhance the recruitment of Th2 cells: major involvement of the chemokines TARC/CCL17 and MDC/CCL22.* Eur Cytokine Netw, 2003. **14**(4): p. 219-28.
21. Bochner, B.S. and Q. Hamid, *Advances in mechanisms of allergy.* J Allergy Clin Immunol, 2003. **111**(3 Suppl): p. S819-23.
22. Panina-Bordignon, P., et al., *The C-C chemokine receptors CCR4 and CCR8 identify airway T cells of allergen-challenged atopic asthmatics.* J Clin Invest, 2001. **107**(11): p. 1357-64.
23. Kawasaki, S., et al., *Intervention of thymus and activation-regulated chemokine attenuates the development of allergic airway inflammation and hyperresponsiveness in mice.* J Immunol, 2001. **166**(3): p. 2055-62.

Literatur

24. Kurokawa, M., et al., *Effects of corticosteroid on the expression of thymus and activation-regulated chemokine in a murine model of allergic asthma.* Int Arch Allergy Immunol, 2005. **137 Suppl 1**: p. 60-8.
25. Chvatchko, Y., et al., *A key role for CC chemokine receptor 4 in lipopolysaccharide-induced endotoxic shock.* J Exp Med, 2000. **191**(10): p. 1755-64.
26. Soumelis, V., et al., *Human epithelial cells trigger dendritic cell mediated allergic inflammation by producing TSLP.* Nat Immunol, 2002. **3**(7): p. 673-80.
27. Sakaguchi, S., et al., *Naturally arising Foxp3-expressing CD25+CD4+ regulatory T cells in self-tolerance and autoimmune disease.* Curr Top Microbiol Immunol, 2006. **305**: p. 51-66.
28. Joetham, A., et al., *Naturally occurring lung CD4(+)CD25(+) T cell regulation of airway allergic responses depends on IL-10 induction of TGF-beta.* J Immunol, 2007. **178**(3): p. 1433-42.
29. Suto, A., et al., *Role of CD4(+) CD25(+) regulatory T cells in T helper 2 cell-mediated allergic inflammation in the airways.* Am J Respir Crit Care Med, 2001. **164**(4): p. 680-7.
30. Jonuleit, H. and E. Schmitt, *The regulatory T cell family: distinct subsets and their interrelations.* J Immunol, 2003. **171**(12): p. 6323-7.
31. Umetsu, D.T., et al., *Asthma: an epidemic of dysregulated immunity.* Nat Immunol, 2002. **3**(8): p. 715-20.
32. Steinbrink, K., et al., *Induction of tolerance by IL-10-treated dendritic cells.* J Immunol, 1997. **159**(10): p. 4772-80.
33. Holgate, S.T. and R. Polosa, *Treatment strategies for allergy and asthma.* Nat Rev Immunol, 2008. **8**(3): p. 218-30.
34. Vignali, D.A., L.W. Collison, and C.J. Workman, *How regulatory T cells work.* Nat Rev Immunol, 2008. **8**(7): p. 523-32.
35. Foster, P.S., et al., *Interleukin 5 deficiency abolishes eosinophilia, airways hyperreactivity, and lung damage in a mouse asthma model.* J Exp Med, 1996. **183**(1): p. 195-201.
36. Braun, A., et al., *Brain-derived neurotrophic factor (BDNF) contributes to neuronal dysfunction in a model of allergic airway inflammation.* Br J Pharmacol, 2004. **141**(3): p. 431-40.
37. Schuessler, T.F. and J.H. Bates, *A computer-controlled research ventilator for small animals: design and evaluation.* IEEE Trans Biomed Eng, 1995. **42**(9): p. 860-6.
38. Neuhaus-Steinmetz, U., et al., *Sequential development of airway hyperresponsiveness and acute airway obstruction in a mouse model of allergic inflammation.* Int Arch Allergy Immunol, 2000. **121**(1): p. 57-67.
39. Sparwasser, T., et al., *General method for the modification of different BAC types and the rapid generation of BAC transgenic mice.* Genesis, 2004. **38**(1): p. 39-50.
40. Sparwasser, T. and G. Eberl, *BAC to immunology--bacterial artificial chromosome-mediated transgenesis for targeting of immune cells.* Immunology, 2007. **121**(3): p. 308-13.
41. Heintz, N., *BAC to the future: the use of bac transgenic mice for neuroscience research.* Nat Rev Neurosci, 2001. **2**(12): p. 861-70.
42. Corbi, A.L. and C. Lopez-Rodriguez, *CD11c integrin gene promoter activity during myeloid differentiation.* Leuk Lymphoma, 1997. **25**(5-6): p. 415-25.
43. Maxwell, I.H., F. Maxwell, and L.M. Glode, *Regulated expression of a diphtheria toxin A-chain gene transfected into human cells: possible strategy for inducing cancer cell suicide.* Cancer Res, 1986. **46**(9): p. 4660-4.
44. Palmiter, R.D., et al., *Cell lineage ablation in transgenic mice by cell-specific expression of a toxin gene.* Cell, 1987. **50**(3): p. 435-43.
45. Breitman, M.L., et al., *Genetic ablation: targeted expression of a toxin gene causes microphthalmia in transgenic mice.* Science, 1987. **238**(4833): p. 1563-5.
46. Harrison, G.S., et al., *Activation of a diphtheria toxin A gene by expression of human immunodeficiency virus-1 Tat and Rev proteins in transfected cells.* Hum Gene Ther, 1991. **2**(1): p. 53-60.
47. Collier, R.J., *Understanding the mode of action of diphtheria toxin: a perspective on progress during the 20th century.* Toxicon, 2001. **39**(11): p. 1793-803.
48. Bacha, P., J.R. Murphy, and M. Moynihan, *Toxicity of diphtheria toxin-related proteins produced by suppression of nonsense mutations.* J Biol Chem, 1980. **255**(22): p. 10658-62.

Literatur

49. Nagy, A., *Cre recombinase: the universal reagent for genome tailoring.* Genesis, 2000. **26**(2): p. 99-109.
50. Soriano, P., *Generalized lacZ expression with the ROSA26 Cre reporter strain.* Nat Genet, 1999. **21**(1): p. 70-1.
51. Mao, X., Y. Fujiwara, and S.H. Orkin, *Improved reporter strain for monitoring Cre recombinase-mediated DNA excisions in mice.* Proc Natl Acad Sci U S A, 1999. **96**(9): p. 5037-42.
52. De Angioletti, M., et al., *Beta+45 G --> C: a novel silent beta-thalassaemia mutation, the first in the Kozak sequence.* Br J Haematol, 2004. **124**(2): p. 224-31.
53. Brocker, T., M. Riedinger, and K. Karjalainen, *Targeted expression of major histocompatibility complex (MHC) class II molecules demonstrates that dendritic cells can induce negative but not positive selection of thymocytes in vivo.* J Exp Med, 1997. **185**(3): p. 541-50.
54. Alferink, J., et al., *Compartmentalized production of CCL17 in vivo: strong inducibility in peripheral dendritic cells contrasts selective absence from the spleen.* J Exp Med, 2003. **197**(5): p. 585-99.
55. Conrad, M.L., et al., *Comparison of adjuvant and adjuvant-free murine experimental asthma models.* Clin Exp Allergy, 2009. **39**(8): p. 1246-54.
56. Lahl, K., et al., *Selective depletion of Foxp3+ regulatory T cells induces a scurfy-like disease.* J Exp Med, 2007. **204**(1): p. 57-63.
57. Sauer, B., *Inducible gene targeting in mice using the Cre/lox system.* Methods, 1998. **14**(4): p. 381-92.
58. Stranges, P.B., et al., *Elimination of antigen-presenting cells and autoreactive T cells by Fas contributes to prevention of autoimmunity.* Immunity, 2007. **26**(5): p. 629-41.
59. Aguila, H.L., R.J. Hershberger, and I.L. Weissman, *Transgenic mice carrying the diphtheria toxin A chain gene under the control of the granzyme A promoter: expected depletion of cytotoxic cells and unexpected depletion of CD8 T cells.* Proc Natl Acad Sci U S A, 1995. **92**(22): p. 10192-6.
60. Bevis, B.J. and B.S. Glick, *Rapidly maturing variants of the Discosoma red fluorescent protein (DsRed).* Nat Biotechnol, 2002. **20**(1): p. 83-7.
61. Sternberg, N., *Bacteriophage P1 site-specific recombination. III. Strand exchange during recombination at lox sites.* J Mol Biol, 1981. **150**(4): p. 603-8.
62. Vagner, S., B. Galy, and S. Pyronnet, *Irresistible IRES. Attracting the translation machinery to internal ribosome entry sites.* EMBO Rep, 2001. **2**(10): p. 893-8.
63. Caton, M.L., M.R. Smith-Raska, and B. Reizis, *Notch-RBP-J signaling controls the homeostasis of CD8- dendritic cells in the spleen.* J Exp Med, 2007. **204**(7): p. 1653-64.
64. Lambrecht, B.N., et al., *Dendritic cells are required for the development of chronic eosinophilic airway inflammation in response to inhaled antigen in sensitized mice.* J Immunol, 1998. **160**(8): p. 4090-7.
65. Siveke, J.T. and A. Hamann, *T helper 1 and T helper 2 cells respond differentially to chemokines.* J Immunol, 1998. **160**(2): p. 550-4.
66. Morimoto, Y., et al., *Induction of surface CCR4 and its functionality in mouse Th2 cells is regulated differently during Th2 development.* J Leukoc Biol, 2005. **78**(3): p. 753-61.
67. Huehn, J. and A. Hamann, *Homing to suppress: address codes for Treg migration.* Trends Immunol, 2005. **26**(12): p. 632-6.
68. Imai, T., et al., *The T cell-directed CC chemokine TARC is a highly specific biological ligand for CC chemokine receptor 4.* J Biol Chem, 1997. **272**(23): p. 15036-42.
69. Sekiya, T., et al., *Increased levels of a TH2-type CC chemokine thymus and activation-regulated chemokine (TARC) in serum and induced sputum of asthmatics.* Allergy, 2002. **57**(2): p. 173-7.
70. Sekiya, T., et al., *Inducible expression of a Th2-type CC chemokine thymus- and activation-regulated chemokine by human bronchial epithelial cells.* J Immunol, 2000. **165**(4): p. 2205-13.
71. Berin, M.C., et al., *Regulated production of the T helper 2-type T-cell chemoattractant TARC by human bronchial epithelial cells in vitro and in human lung xenografts.* Am J Respir Cell Mol Biol, 2001. **24**(4): p. 382-9.

Literatur

72. Bousquet, J., et al., *Eosinophilic inflammation in asthma.* N Engl J Med, 1990. **323**(15): p. 1033-9.
73. Godiska, R., et al., *Human macrophage-derived chemokine (MDC), a novel chemoattractant for monocytes, monocyte-derived dendritic cells, and natural killer cells.* J Exp Med, 1997. **185**(9): p. 1595-604.
74. Gonzalo, J.A., et al., *Mouse monocyte-derived chemokine is involved in airway hyperreactivity and lung inflammation.* J Immunol, 1999. **163**(1): p. 403-11.
75. Eum, S.Y., et al., *Eosinophil recruitment into the respiratory epithelium following antigenic challenge in hyper-IgE mice is accompanied by interleukin 5-dependent bronchial hyperresponsiveness.* Proc Natl Acad Sci U S A, 1995. **92**(26): p. 12290-4.
76. Crimi, E., et al., *Dissociation between airway inflammation and airway hyperresponsiveness in allergic asthma.* Am J Respir Crit Care Med, 1998. **157**(1): p. 4-9.
77. Schuh, J.M., et al., *Airway hyperresponsiveness, but not airway remodeling, is attenuated during chronic pulmonary allergic responses to Aspergillus in CCR4-/- mice.* Faseb J, 2002. **16**(10): p. 1313-5.
78. Power, C.A., et al., *Chemokine and chemokine receptor mRNA expression in human platelets.* Cytokine, 1995. **7**(6): p. 479-82.
79. Proudfoot, A.E., et al., *Amino-terminally modified RANTES analogues demonstrate differential effects on RANTES receptors.* J Biol Chem, 1999. **274**(45): p. 32478-85.
80. Campbell, J.J., et al., *The chemokine receptor CCR4 in vascular recognition by cutaneous but not intestinal memory T cells.* Nature, 1999. **400**(6746): p. 776-80.
81. Bernardini, G., et al., *Identification of the CC chemokines TARC and macrophage inflammatory protein-1 beta as novel functional ligands for the CCR8 receptor.* Eur J Immunol, 1998. **28**(2): p. 582-8.
82. Floistrup, H., et al., *Allergic disease and sensitization in Steiner school children.* J Allergy Clin Immunol, 2006. **117**(1): p. 59-66.
83. Schaub, B., R. Lauener, and E. von Mutius, *The many faces of the hygiene hypothesis.* J Allergy Clin Immunol, 2006. **117**(5): p. 969-77; quiz 978.
84. Sheikh, A. and D.P. Strachan, *The hygiene theory: fact or fiction?* Curr Opin Otolaryngol Head Neck Surg, 2004. **12**(3): p. 232-6.
85. Strachan, D.P., *Family size, infection and atopy: the first decade of the "hygiene hypothesis".* Thorax, 2000. **55 Suppl 1**: p. S2-10.
86. von Mutius, E., *Allergies, infections and the hygiene hypothesis--the epidemiological evidence.* Immunobiology, 2007. **212**(6): p. 433-9.
87. Akdis, M., K. Blaser, and C.A. Akdis, *T regulatory cells in allergy: novel concepts in the pathogenesis, prevention, and treatment of allergic diseases.* J Allergy Clin Immunol, 2005. **116**(5): p. 961-8; quiz 969.
88. von Boehmer, H., *Mechanisms of suppression by suppressor T cells.* Nat Immunol, 2005. **6**(4): p. 338-44.
89. Tang, Q. and J.A. Bluestone, *The Foxp3+ regulatory T cell: a jack of all trades, master of regulation.* Nat Immunol, 2008. **9**(3): p. 239-44.
90. Shevach, E.M., et al., *The lifestyle of naturally occurring CD4+ CD25+ Foxp3+ regulatory T cells.* Immunol Rev, 2006. **212**: p. 60-73.
91. Miyara, M. and S. Sakaguchi, *Natural regulatory T cells: mechanisms of suppression.* Trends Mol Med, 2007. **13**(3): p. 108-16.
92. Itoh, M., et al., *Thymus and autoimmunity: production of CD25+CD4+ naturally anergic and suppressive T cells as a key function of the thymus in maintaining immunologic self-tolerance.* J Immunol, 1999. **162**(9): p. 5317-26.
93. Samy, E.T., et al., *The role of physiological self-antigen in the acquisition and maintenance of regulatory T-cell function.* Immunol Rev, 2006. **212**: p. 170-84.
94. Coombes, J.L., et al., *A functionally specialized population of mucosal CD103+ DCs induces Foxp3+ regulatory T cells via a TGF-beta and retinoic acid-dependent mechanism.* J Exp Med, 2007. **204**(8): p. 1757-64.
95. Sun, C.M., et al., *Small intestine lamina propria dendritic cells promote de novo generation of Foxp3 T reg cells via retinoic acid.* J Exp Med, 2007. **204**(8): p. 1775-85.
96. Mucida, D., et al., *Reciprocal TH17 and regulatory T cell differentiation mediated by retinoic acid.* Science, 2007. **317**(5835): p. 256-60.

Literatur

97. Hsieh, C.S., et al., *Recognition of the peripheral self by naturally arising CD25+ CD4+ T cell receptors.* Immunity, 2004. **21**(2): p. 267-77.
98. Fontenot, J.D., et al., *Regulatory T cell lineage specification by the forkhead transcription factor foxp3.* Immunity, 2005. **22**(3): p. 329-41.
99. Roncarolo, M.G., et al., *Interleukin-10-secreting type 1 regulatory T cells in rodents and humans.* Immunol Rev, 2006. **212**: p. 28-50.
100. Chen, W., et al., *Conversion of peripheral CD4+CD25- naive T cells to CD4+CD25+ regulatory T cells by TGF-beta induction of transcription factor Foxp3.* J Exp Med, 2003. **198**(12): p. 1875-86.
101. Pyzik, M. and C.A. Piccirillo, *TGF-beta1 modulates Foxp3 expression and regulatory activity in distinct CD4+ T cell subsets.* J Leukoc Biol, 2007. **82**(2): p. 335-46.
102. Wei, J., et al., *Antagonistic nature of T helper 1/2 developmental programs in opposing peripheral induction of Foxp3+ regulatory T cells.* Proc Natl Acad Sci U S A, 2007. **104**(46): p. 18169-74.
103. Rubtsov, Y.P., et al., *Regulatory T cell-derived interleukin-10 limits inflammation at environmental interfaces.* Immunity, 2008. **28**(4): p. 546-58.
104. Curotto de Lafaille, M.A. and J.J. Lafaille, *Natural and adaptive foxp3+ regulatory T cells: more of the same or a division of labor?* Immunity, 2009. **30**(5): p. 626-35.
105. Brunkow, M.E., et al., *Disruption of a new forkhead/winged-helix protein, scurfin, results in the fatal lymphoproliferative disorder of the scurfy mouse.* Nat Genet, 2001. **27**(1): p. 68-73.
106. Chatila, T.A., et al., *JM2, encoding a fork head-related protein, is mutated in X-linked autoimmunity-allergic disregulation syndrome.* J Clin Invest, 2000. **106**(12): p. R75-81.
107. Ramsdell, F., *Foxp3 and natural regulatory T cells: key to a cell lineage?* Immunity, 2003. **19**(2): p. 165-8.
108. Lewkowich, I.P., et al., *CD4+CD25+ T cells protect against experimentally induced asthma and alter pulmonary dendritic cell phenotype and function.* J Exp Med, 2005. **202**(11): p. 1549-61.
109. Akbari, O., et al., *Antigen-specific regulatory T cells develop via the ICOS-ICOS-ligand pathway and inhibit allergen-induced airway hyperreactivity.* Nat Med, 2002. **8**(9): p. 1024-32.
110. Stock, P., et al., *Induction of T helper type 1-like regulatory cells that express Foxp3 and protect against airway hyper-reactivity.* Nat Immunol, 2004. **5**(11): p. 1149-56.
111. de Heer, H.J., et al., *Essential role of lung plasmacytoid dendritic cells in preventing asthmatic reactions to harmless inhaled antigen.* J Exp Med, 2004. **200**(1): p. 89-98.
112. Kearley, J., et al., *Resolution of airway inflammation and hyperreactivity after in vivo transfer of CD4+CD25+ regulatory T cells is interleukin 10 dependent.* J Exp Med, 2005. **202**(11): p. 1539-47.
113. Wilson, M.S., et al., *Suppression of allergic airway inflammation by helminth-induced regulatory T cells.* J Exp Med, 2005. **202**(9): p. 1199-212.
114. Zuany-Amorim, C., et al., *Suppression of airway eosinophilia by killed Mycobacterium vaccae-induced allergen-specific regulatory T-cells.* Nat Med, 2002. **8**(6): p. 625-9.
115. Finkelman, F.D., et al., *Suppression of in vivo polyclonal IgE responses by monoclonal antibody to the lymphokine B-cell stimulatory factor 1.* Proc Natl Acad Sci U S A, 1986. **83**(24): p. 9675-8.
116. Finkelman, F.D., et al., *IFN-gamma regulates the isotypes of Ig secreted during in vivo humoral immune responses.* J Immunol, 1988. **140**(4): p. 1022-7.
117. Ochi, H., et al., *Oral CD3-specific antibody suppresses autoimmune encephalomyelitis by inducing CD4+ CD25- LAP+ T cells.* Nat Med, 2006. **12**(6): p. 627-35.
118. Shevach, E.M., *CD4+ CD25+ suppressor T cells: more questions than answers.* Nat Rev Immunol, 2002. **2**(6): p. 389-400.
119. Jaffar, Z., T. Sivakuru, and K. Roberts, *CD4+CD25+ T cells regulate airway eosinophilic inflammation by modulating the Th2 cell phenotype.* J Immunol, 2004. **172**(6): p. 3842-9.

6. DANKSAGUNG

Ohne die ausgezeichnete Unterstützung meines Betreuers Prof. Dr. med. Tim Sparwasser wäre diese Arbeit nicht möglich gewesen. Ich möchte ihm hiermit für die mir entgegengebrachte Geduld sowie für interessante Diskussionen, Anregungen und Gespräche danken, die diese Arbeit vorangetrieben haben.

Des Weiteren möchte ich Prof. Hermann Wagner meinen Dank aussprechen, der mir die Möglichkeit gegeben hat, in seinem Institut in einer wissenschaftlich wie menschlich einzigartigen Atmosphäre zu arbeiten.

Darüber hinaus möchte ich mich bei allen Mitarbeitern des Labors der AG Sparwasser bedanken, die mich über die Jahre begleitet haben. Mein besonderer Dank gilt dabei Katharina Lahl. Ohne sie wäre ich nicht da, wo ich heute bin.
Es hat mir Freude bereitet und eine großen Erfahrungsschatz geliefert in der AG Sparwasser zu arbeiten.

Zuletzt möchte ich meiner Familie danken, die mich während der gesamten Zeit immer unterstützt hat. Vor allem ohne die Rückenstärkung durch meinen Mann wäre die Arbeit nicht möglich gewesen. Danke.

7. Zusammenfassung

Die letzen Jahrzehnte haben gezeigt, dass immer mehr Menschen in den Industrienationen an Allergien und Asthma leiden. Bis jetzt sind die zugrunde liegenden Mechanismen dieses Phänomens jedoch nur wenig verstanden. Sowohl genetische Prädisposition als auch Umwelteinflüsse scheinen in der Entwicklung von Asthma eine wichtige Rolle zu spielen. Doch viele weitere Faktoren wie zum Beispiel das komplexe Immunsystem tragen zum Ungleichgewicht in Richtung einer T_H2 Antwort während der allergischen Reaktion bei. Es konnte gezeigt werden, dass Dendritische Zellen (DC) eine entscheidende Rolle dabei spielen, das Immunsystem in Richtung T_H1 oder T_H2 zu dirigieren, oder Toleranz gegenüber eines harmlosen Antigens zu induzieren. Um die Rolle von verschiedenen DC Subtypen direkt *in vivo* zu untersuchen, wurden im Rahmen dieser Arbeit konventionelle und BAC (Bacterial Artificial Chromosome)-transgene Mauslinien generiert. Im Focus lagen hauptsächlich konventionelle DC, weswegen entweder ein CD11c BAC oder der CD11c Minimalpromotor für die Modifikation mit verschiedenen Zielvektoren verwendet wurde. Die erste BAC-transgene Mauslinie wurde generiert, indem in den CD11c BAC ein flox-STOPP-DipA Konstrukt integriert wurde. Nach Modifikation, Linearisierung und Injektion des BACs in die Vorkerne von befruchteten Mausembryonen war es uns möglich, eine PCR-positive Gründerlinie („founder"-Linie) zu identifizieren. Aus uns unbekannten Gründen, war es dem Gründertier jedoch nicht möglich, das Transgen an seine Nachkommen weiterzugeben. Als alternative Klonierungsstrategie wurde das gleiche Konstrukt unter die Kontrolle des CD11c Minimalpromotors gebracht. Nach der Mikroinjektion des gesamten Konstrukts konnten 8 PCR-positive Gründertiere identifiziert werden. Um die transgenen Mäuse weiter zu charakterisieren, wurden sie mit Mäusen gekreuzt, die eine universelle Cre-Rekombinase exprimieren. Aufgrund des cre/lox Systems wird die STOPP Sequenz aus dem Konstrukt in doppelt transgenen Mäusen herausgeschnitten und die toxische A Untereinheit des Diphtheria Toxins exprimiert, was wiederum zu der erwünschten Depletion der $CD11c^+$ Dendritischen Zellen führen soll. FACS Analysen und Zellzahlen von Lymphknoten, Milz und Flt3-L sowie GMCSF Zellkulturen von möglichen doppelt transgenen Mäusen zeigten keinen Unterschied zu Wildtyp-Mäusen. Möglicherweise liegt das an der Heterogenität der Mauslinien, da das Risiko nie ausgeschlossen werden kann, aus Versehen essentielle Gene zu zerstören und dadurch unerwünschte Nebeneffekte hervorzurufen. Als Alternative werden momentan noch Experimente mit Nachkommen aus der Verpaarung mit CD11c-Cre Mäusen durchgeführt.

Eine weitere Strategie, um Dendritische Zellen zu untersuchen war, ein auf dem CD11c BAC basierendes Konstrukt zu generieren, das die Expression von einer Cre-IRES-pDsRedExpress Kassette in Mäusen ermöglicht. Eine solche Mauslinie mit anderen transgenen Mauslinien zu verpaaren, die loxP sites tragen (z.B. CD11c-flox-STOPP-DipA), würde es erlauben, DC Subtypen initial durch die Expression eines fluoreszierenden Proteins zu verfolgen und sie nach der

Zusammenfassung

Verpaarung zusätzlich zu depletieren. Um zu überprüfen, ob das Konstrukt, das die Cre Rekombinase und das rot fluoreszierende Protein enthält, funktional ist, wurde es in einen Expressionsvektor subkloniert und in HEK293 Zellen transfiziert. Das Cre Protein konnte im western blot und die Expression von DsRedExpress im FACS nachgewiesen werden. Nach der Injektion des linearisierten und modifizierten BACS in befruchtete Mausembryonen konnten 8 Gründertiere identifiziert werden. Leider exprimierte keines der Tiere Cre oder DsRed. Möglicherweise sind dabei die Größe des BAC Fragments und die bei der Mikroinjektion entstehenden Scherkräfte darauf eine mögliche Ursache für die Instabilität des Konstrukts.

TARC$^{-/-}$ Mäuse wurden in der Arbeit verwendet, um die Rolle des TARC exprimierenden DC Subtyps während der allergischen Atemwegsentzündung zu untersuchen. Nach der Etablierung des Mausmodells am Institut, wurden TARC k/o und wt Mäuse mit OVA-Alum *i.p.* immunisiert. Die Analyse, die nach 3 aufeinanderfolgenden Tagen mit OVA Aerosol erfolgte, zeigte, dass sich die für Asthma typischen Charakteristika zwischen TARCk/o und wt Mäusen im Bezug auf OVA-spezifisches IgE und IgG1, AHR und histologischen Lungenschnitten, nicht unterscheiden. Nur die Anzahl an Zellinfiltraten in der BAL waren in der TARC k/o Gruppe leicht erhöht.

Nachdem TARC möglicherweise in DTH Reaktionen eine Rolle spielt wurden außerdem Experimente durchgeführt, bei denen eine subkutane Immunisierung ohne Adjuvans gewählt wurde. Erstaunlicherweise zeigt die Analyse der T_H2 Antwort in diesem Modell der allergischen Atemwegsreaktion Unterschiede zwischen TARC k/o und wt Mäusen. Mäuse, denen TARC fehlt, zeigen signifikant reduzierte OVA-spezifische IgG1 Spiegel, reduzierte Leukozyteninfiltrate in der BAL, besonders im Bezug auf Eosinophile, sowie geringere Asthma Pathologie in histologischen Lungenschnitten. Im Bezug auf die Atemwegshyperreagibilität konnten keine Unterschiede festgestellt werden. Diese Daten zeigen, dass TARC bei der subkutanen Immunisierung eine Rolle spielt und eine nicht unerhebliche Beteiligung bei Dendritischen Zellen der Haut vermuten lassen, um eine Immunantwort hervorzurufen.

Die immunologische Balance des Immunsystems aufrecht zu erhalten wird vor allem den regulatorischen T Zellen zugesprochen. Viele wissenschaftliche Veröffentlichungen konnten zeigen, dass T_{Reg} in der allergischen Atemwegsenzündung sowohl im Menschen als auch in Mäusen eine herausragende Rolle spielen. Durch die Entdeckung immer neuer Subtypen von regulatorischen T Zellen wird deren Untersuchung in Mäusen zusehends schwieriger. Man unterscheidet zwischen natürlich vorkommenden T_{Reg} (nT_{Reg}), die im Thymus reifen, und dem Antigen entsprechende peripher induzierte iT_{Reg}. Ihre Suppressor-Funktion hängt wiederum von der sie umgebenden Gewebe ab. Der Mangel an spezifischen Markern, um verschiedene Subtypen unterscheiden zu können, zeigt, dass ein passendes Mausmodell benötigt wird. Das DEREG Mausmodell, das in unserem Labor generiert wurde, ermöglicht es nun zum ersten Mal Foxp3$^+$ T_{Reg} durch die systemische Injektion von DT direkt *in vivo* zu jedem beliebigen Zeitpunkt zu depletieren

Initial wurde die Frage adressiert, welche Rolle Foxp3$^+$ T_{Reg} während der Sensibilisierung in einem akuten Modell der allergischen Atemwegsentzündung spielen. Die Ergebnisse in der Arbeit zeigen,

Zusammenfassung

dass Mäuse, die mit DT behandelt wurden und demzufolge keine Foxp3$^+$ T Zellen mehr während der Sensibilisierung enthalten, einen dramatischen Anstieg in der Schwere von Asthma zeigen. Dies konnte anhand von OVA-spezifischem IgE, Zellinfiltration von Eosinophilen in der BAL, histologischen Lungenschnitten und AHR nachgewiesen werden.

Um diese T_{Reg} auch zu einem späteren Zeitpunkt der allergischen Atemwegsentzündung zu analysieren, wurde DT zur Depletion während der Phase der Provokation des Mausmodells injiziert. Interessanterweise waren nur schwache Unterschiede in den OVA spezifischen IgE Spiegeln zu sehen. Alle anderen für Asthma typischen Charakteristika blieben im Vergleich zu wt Mäusen unbeeinflusst.

Weitere Experimente in der Zukunft werden zeigen, ob auch der genetische Hintergrund in Mäusen einen Einfluss auf diese Ergebnisse hat, was die genetische Situation im Menschen naturgetreuer widerspiegeln könnte.

Darüberhinaus wird es von Interesse sein, die fundamentalen Mechanismen in dieser Form der Suppression und der damit verbundenen T Zell Subtypen zu verstehen. Vielleicht wird es in Zukunft möglich sein, Mechanismen zu finden, die richtigen regulatorischen T Zellen zu induzieren und damit das Immunsystem von Patienten zu unterstützen, die allergische Atemwegsentzündung zu verringern.

I want morebooks!

Buy your books fast and straightforward online - at one of world's fastest growing online book stores! Environmentally sound due to Print-on-Demand technologies.

Buy your books online at
www.morebooks.shop

Kaufen Sie Ihre Bücher schnell und unkompliziert online – auf einer der am schnellsten wachsenden Buchhandelsplattformen weltweit! Dank Print-On-Demand umwelt- und ressourcenschonend produziert.

Bücher schneller online kaufen
www.morebooks.shop

info@omniscriptum.com
www.omniscriptum.com

Printed by Books on Demand GmbH, Norderstedt / Germany